冶金行业职业技能鉴定培训系列教材

热处理工

(技师)

主　编　李　琳
副主编　李云涛　张　岩　李铁军

北　京
冶金工业出版社
2018

内容简介

本书按照技术工人职称晋升标准和要求，以及典型职业技能和技师工作内容编写，系统地介绍了热处理原理、生产工艺、设备以及产品质量控制等知识。本书内容丰富实用，通俗易懂，图文并茂，并且融入了一些新技术、新工艺、新设备和新材料。

本书可作为热处理工技师培训教材，也可供相关工程技术人员及大专院校师生参考。

图书在版编目(CIP)数据

热处理工：技师/李琳主编．—北京：冶金工业出版社，2018.10

冶金行业职业技能鉴定培训系列教材

ISBN 978-7-5024-7932-9

Ⅰ.①热…　Ⅱ.①李…　Ⅲ.①热处理—职业技能—鉴定—教材　Ⅳ.①TG156

中国版本图书馆 CIP 数据核字（2018）第 235772 号

出 版 人　谭学余

地　　址　北京市东城区嵩祝院北巷 39 号　邮编　100009　电话　(010)64027926

网　　址　www.cnmip.com.cn　电子信箱　yjcbs@cnmip.com.cn

策划编辑　张　卫　责任编辑　俞跃春　杜婷婷　美术编辑　彭子赫

版式设计　孙跃红　责任校对　郭惠兰　责任印制　牛晓波

ISBN 978-7-5024-7932-9

冶金工业出版社出版发行；各地新华书店经销；三河市双峰印刷装订有限公司印刷

2018 年 10 月第 1 版，2018 年 10 月第 1 次印刷

787mm×1092mm　1/16；10.25 印张；242 千字；149 页

36.00 元

冶金工业出版社　投稿电话　(010)64027932　投稿信箱　tougao@cnmip.com.cn

冶金工业出版社营销中心　电话　(010)64044283　传真　(010)64027893

冶金书店　地址　北京市东四西大街 46 号(100010)　电话　(010)65289081(兼传真)

冶金工业出版社天猫旗舰店　yjgycbs.tmall.com

（本书如有印装质量问题，本社营销中心负责退换）

编 者 的 话

在中国政府倡导弘扬工匠精神、培育大国工匠、打造工匠队伍、实施制造强国战略的引领下，本系列教材从贴近一线、注重实用角度来具体落实——一分要求，九分落实。为此，本系列教材特设计了一个标志。

本标志意在体现工匠的匠心独运，字母G、J分别代表“工”“匠”的首字母，♥代表匠心，G与J结合并配上一颗心，形象化地勾勒出工匠埋头工作的状态，同时寓意“工匠心”。有匠心才有独运，有独运才有绝伦，有绝伦才有独树一帜的技术，才有一流产品、一流的创造力。

以此希望，全社会推崇与学习这种匠心精神，并成为年轻人的价值追求！

编者

2018年8月

前　言

本书是按照中国共产党的十九大报告提出的“建设知识型、技能型、创新型劳动者大军，弘扬劳模精神和工匠精神，营造劳动光荣的社会风尚和精益求精的敬业风气”及《教育信息化发展十年规划（2011—2020年）》关于“加强教育信息化标准规范制定和应用推广”的要求，以加强企业高技能人才队伍建设，增强企业核心竞争力，推动产业转型升级，稳定就业、化解就业结构性矛盾，深入实施人才强国战略和创新驱动发展战略为宗旨编写的。

本书内容是基于对我国钢铁行业生产的特点、板带钢产品的市场需求发展的调研，同时针对目前钢材热处理专业课程存在的内容繁杂、理论知识性强、缺乏针对性、一线实训技能薄弱等问题，根据《国家职业技能鉴定标准》确定的。本书积极借鉴国内外先进技术，坚持理论为先导、应用为目标。在具体内容的组织安排上，考虑了岗位职工学习的特点，力求通俗易懂，图文并茂。

本书贯穿了板带钢轧制生产过程中所涉及的材料结构、组织、性能以及不同加工方法下热处理工艺和设备等多学科内容，高度融合了企业现有的设备及先进工艺。本书除适用于热处理工技师层次学习外，还可作为相关专业培训教材，并为企业人员提升专业理论能力、岗位操作技能取证培训等提供参考。

参加本书编写的人员有首钢技师学院李云涛、张岩、杨卫东、李铁军、马正；首钢顺义冷轧厂张生、蔡阿云；首钢迁钢公司蒯军等。首钢迁钢公司陈伟、张亮等给予了大力协助。本书参考了有关文献资料，并得到了相关单位的大力支持，在此一并表示衷心的感谢！

由于编者水平所限，书中不当之处，敬请广大读者批评指正。

编　者

2018年8月

目　　录

第1篇　金属轧制变形基础

第3篇　钢的组织性能控制工艺及设备

第4篇　安全及防护知识

第1篇　金属轧制变形基础

1　金属的结构

金属材料的性能与其内部的晶体结构和组织状态有着密切的关系，因此，我们要改善金属的性能以及正确地选择材料，就要掌握金属内部的结构与特点。

1.1　金属的结构及特点

1.1.1　金属及其结构

金属由原子组成，原子由带正电的原子核和绕核运动的带负电的电子所构成，原子核所带正电荷与电子所带负电荷相等，所以原子是中性的。

金属原子排列的结构特点是最外层电子数少，容易脱离原子核而成为自由电子，从而使原子变为正离子。图1-1所示为电子云。

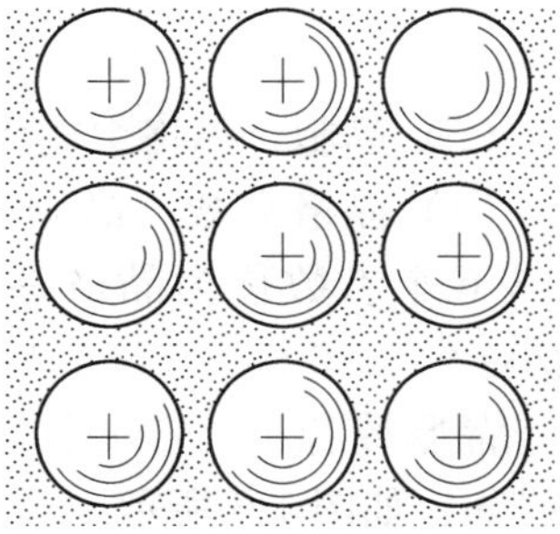

图1-1　电子云

1.1.2　金属原子的结合方式

金属原子是以金属键的方式结合的，即金属原子是由正离子（原子核）与电子云之间相互作用而结合的。

1.1.3　固态下金属的特性

固态下的金属具有良好的导电性和正的电阻温度系数，这是由于金属中的自由电子在外加电场的作用下，沿着电场方向作定向加速运动，生成电流，故有良好的导电性。而当温度升高时，作热运动的正离子的振动频率和振幅增加，自由电子定向运动的阻力增大，故电阻增加。其次，金属还具有良好的导热性，金属依靠正离子振动传递热能的同时自由电子的运动也加速了热能的传递。再有，金属还具有可锻性，这是因为当金属原子（正离子）作相对位移时，正离子与电子云仍保持着强有力的结合力，从而使得金属在一定程度上发生了形状和尺寸上的变化，保持其机体的连续性而不被破坏。

1.2　晶体结构的基本概念

1.2.1　晶体与非晶体

自然界107种化学元素中有85种金属元素。所有金属属于晶体，其结构特点是原子或分子按照一定几何规律作周期性排列，如Al、Ni、Cu、Mg等。但有些非金属物质也具有晶体结构，如食盐、石英、冰等。反之，原子作无规则排列的物质叫非晶体，如玻璃、沥青等。

1.2.2　晶体结构及其相关概念

晶体内部原子排列的方式及特征称为晶体结构。由于金属是晶体，其原子排列的方式并不是单一的。因此，为了描述不同金属的原子排列，引入以下概念：

（1）晶格。把原子看成固定不动的刚性小球，并抽象为几何点，再用假想的平行直线在几个方向上把它们连接起来所形成的一个几何空间格子称为晶格，如图1-2所示。

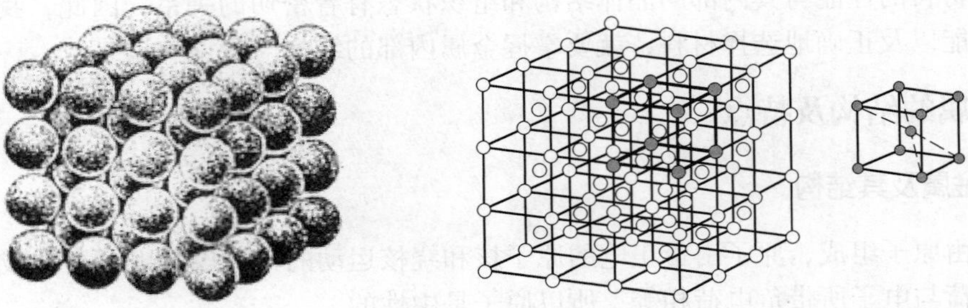

图1-2　晶格和晶胞

（2）晶胞。晶格中能代表晶格特征的最小几何单元称为晶胞，如图1-2所示。

（3）晶格常数。晶胞棱长 a、b、c 和棱边间夹角 α、β、γ 6个参数称为晶格参数，它们决定了晶胞的形状和大小。

晶胞棱长 a、b、c 称为晶格常数，单位为 A（埃）= 10^{-10}m，如图1-3所示。

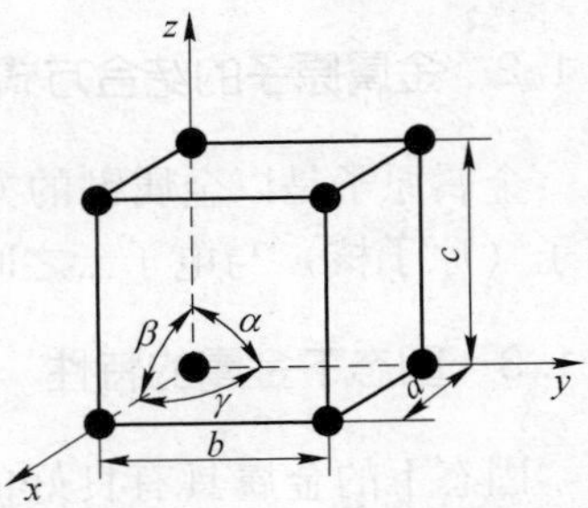

图1-3　晶格常数

1.2.3　三种常见的金属晶格

1.2.3.1　体心立方晶格

（1）晶胞几何特征为立方体，$a=b=c$，通常以 a 表示。$\alpha=\beta=\gamma=90°$。

（2）晶胞原子排列特征为8个角顶和立方体中心各有一个原子，如图1-4所示。

（3）具有此种晶胞的金属为α-Fe、Cr、V、W、Mo、Nb。

1.2.3.2　面心立方晶格

（1）晶胞几何特征为立方体，$a=b=c$，通常以 a 表示。$\alpha=\beta=\gamma=90°$。

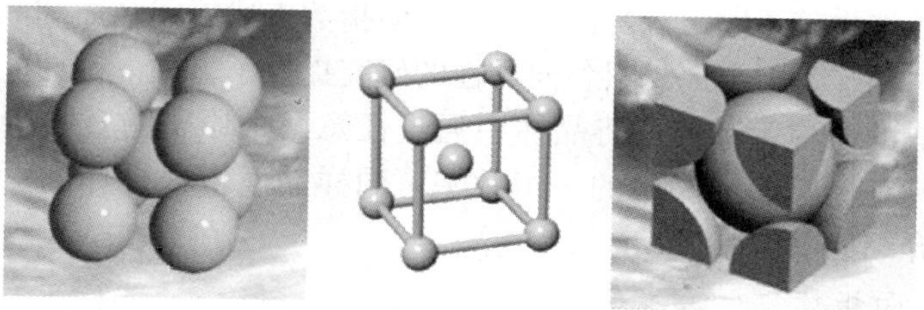

(a) (b) (c)

图 1-4 体心立方晶格

（a）体心立方晶格刚性模型；（b）体心立方晶格晶型；（c）体心立方晶格晶胞原子数

（2）晶胞原子排列特征为 8 个角顶和六个面的中心各有一个原子，如图 1-5 所示。

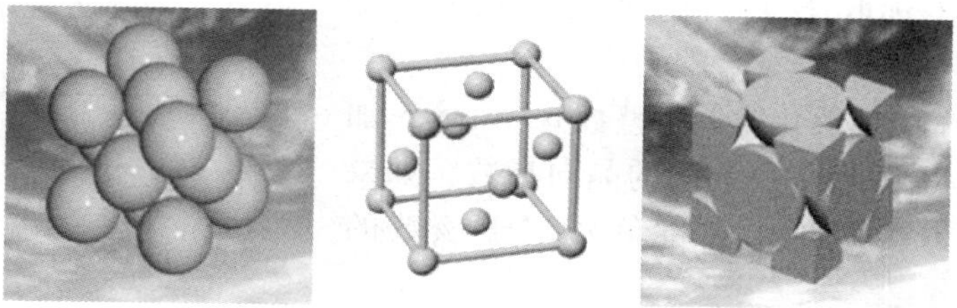

(a) (b) (c)

图 1-5 面心立方晶格

（a）面心立方晶格刚性模型；（b）面心立方晶格晶型；（c）面心立方晶格晶胞原子数

（3）具有面心立方晶格的金属为 γ-Fe、Al、Ni、Cu、Au、Ag、Pb。

1.2.3.3 密排六方晶格

（1）晶胞几何特征为六方柱体，晶格常数由底面边长 a 和柱体高 c 来表示。

（2）晶胞中原子排列特征为 12 个角顶，上、下两底面中心各有 1 个原子，六方柱体中间还有 3 个原子，如图 1-6 所示。

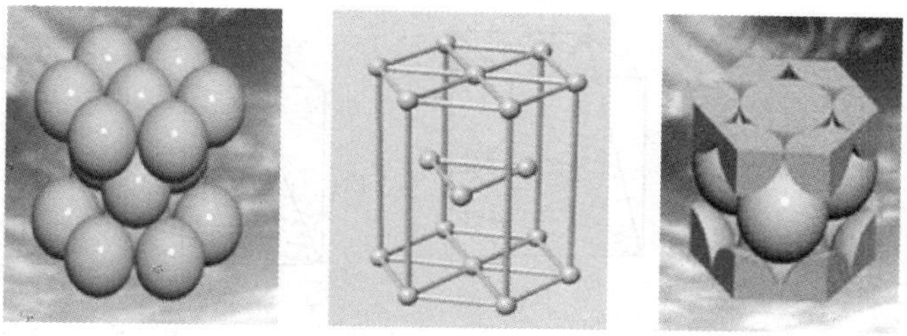

(a) (b) (c)

图 1-6 密排六方晶格

（a）密排六方晶格刚性模型；（b）密排六方晶格晶胞；（c）密排六方晶格晶胞原子数

（3）具有密排六方晶格的金属为 Mg、Zn。

1.2.4 晶向指数和晶面指数

由金属的晶体结构不难看出金属是由若干个原子面组成的，不同方向上的原子排列密度不同，当然其性能也就不同。用晶面指数和晶向指数表述不同晶面和晶向的原子排列情况及其在空间的位向，为对金属材料各向异性的研究提供了方便。因此，将晶体中通过任意3个原子所构成的面称为晶面；将晶体中通过任意两个原子的直线所指的方向称为晶向。而晶向指数则是标志不同晶向的一组数字；同样晶面指数是标志不同晶面的一组数字。其确定方法介绍如下。

1.2.4.1　晶向指数

确定晶向指数（见图1-7）的步骤如下：

（1）以晶胞的某一结点为原点，过原点的晶轴为坐标轴，以晶胞的边长作为坐标轴的长度单位。

（2）过原点作一直线，平行于待定晶向。

（3）在直线上选取任意一点，确定该点的3个坐标值。

（4）将这3个坐标值化为最小整数 u、v、w，加上方括号，［uvw］即为待定晶向的晶向指数。如果 u、v、w 中某一数为负值，则将负号记于该数的上方。

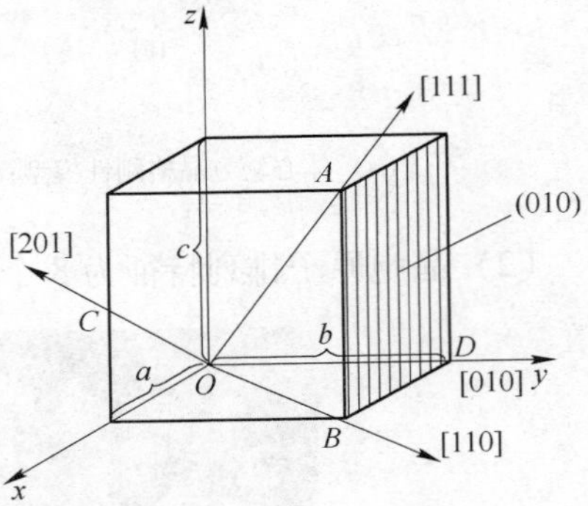

图1-7　晶向指数

例1-1　已知某过原点晶向上一点的坐标为1、1.5、2，求该直线的晶向指数。

将三坐标值化为最小整数加方括弧得［234］。

应当指出，晶向指数表示着所有相互平行、方向一致的晶向。若晶体中两晶向相互平行但方向相反，则晶向指数中的数字相同，符号相反。

由于晶体的对称性，有些晶向上原子排列情况相同，因而性质也相同。晶体中原子排列情况相同的一组晶向称为晶向族，用<uvw>表示。

1.2.4.2　晶面指数

确定晶面指数（见图1-8）的步骤如下：

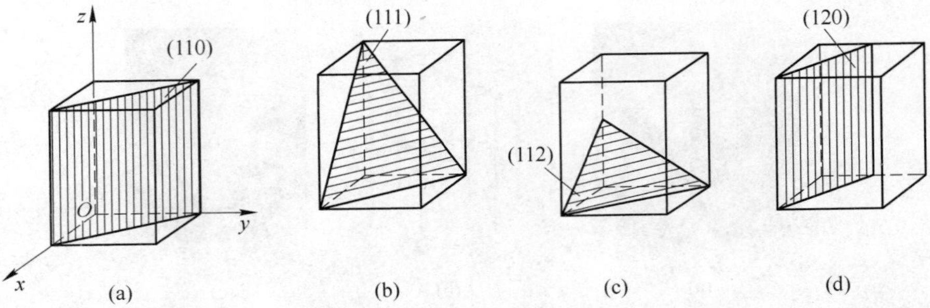

图1-8　晶面指数

（1）以单位晶胞的某一结点为原点，过原点的晶轴为坐标轴，以单位晶胞的边长作为坐标轴的长度单位，注意不能将坐标原点选在待定晶面上。

（2）求出待定晶面在坐标轴上的截距，如果该晶面与某坐标轴平行，则截距为∞。

（3）取3个截距的倒数。

（4）将这3个倒数化为最小整数 h、k、l，加上圆括号，（hkl）即为待定晶面的晶面指数。如果 h、k、l 中某一数为负值，则将负号记于该数的上方。

例 1-2　求截距为 1、2、3 的晶面指数。

取倒数为 1、1/2、1/3，化为最小整数加圆括弧得（632）。

所有相互平行的晶面，其晶面指数相同，或数字相同而正负号相反，代表平行的两组晶面。在晶体中，有些晶面的原子排列情况相同，面间距完全相等，其性质完全相同，只是空间位向不同。这样的一组晶面称为晶面族，用 {hkl} 表示。例如，在立方晶系中：

$$\{100\}=(100),(010),(001),(\bar{1}00),(0\bar{1}0),(00\bar{1})$$

$$\{110\}=(110),(101),(011),(\bar{1}10),(1\bar{1}0),(01\bar{1}),$$
$$(0\bar{1}1),(10\bar{1}),(\bar{1}01),(\bar{1}\bar{1}0),(\bar{1}0\bar{1}),(0\bar{1}\bar{1})$$

1.3　合金的相结构

合金是由两种或两种以上的金属元素或金属与非金属元素，经熔炼或烧结等方法形成具有金属特性的材料。如钢与铸铁是铁、碳合金；黄铜是铜、锌合金等。合金的相结构包括固溶体和金属化合物。

1.3.1　固溶体

1.3.1.1　固溶体的分类

按溶质原子在固溶体结构中的位置划分，固溶体可分为：

（1）置换固溶体，如图 1-9 所示。

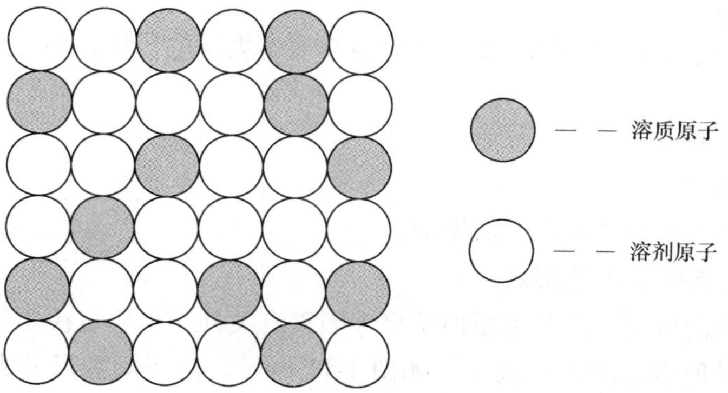

图 1-9　置换固溶体

其中，溶质原子占据溶剂原子的点阵位置，但保持着溶剂的晶体结构。

（2）间隙固溶体，如图 1-10 所示。

溶质原子进入溶剂点阵原子的间隙，却依然保持着溶剂的晶体结构。

按溶质原子溶解度可分为：

（1）有限固溶体。在一定条件下，溶质组元在固溶体中浓度有一定的限度，不可无限固溶即形成有限固溶体。

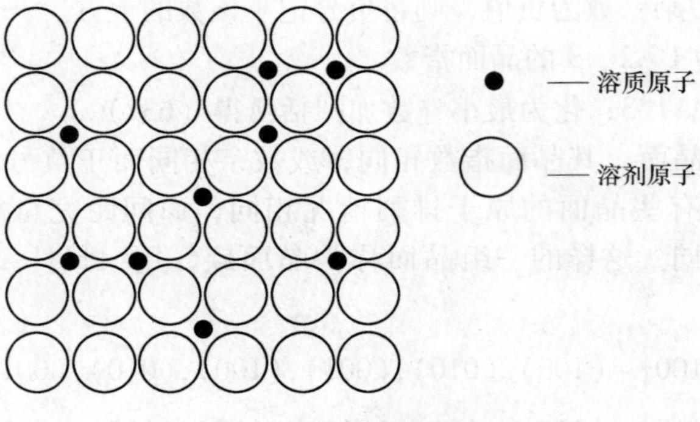

图 1-10　间隙固溶体

（2）无限固溶体。溶质能以任意比例溶入溶剂，固溶体溶解度可达 100%的为无限固溶体。

按溶质原子在固溶体结构中的分布可分为：

（1）无序固溶体。溶质原子随机地分布于溶剂的晶格中却保持着溶剂的晶格的固溶体称为无序固溶体。

（2）有序固溶体。溶质原子按适当比例并按一定顺序和方向，围绕着溶剂原子分布所形成的固溶体是有序固溶体。

1.3.1.2　置换固溶体的形成

置换固溶体的溶解度大小悬殊，主要有以下因素影响：

（1）原子尺寸因素。当 $\Delta r<14\%\sim15\%$ 时，有利于形成溶解度较大的固溶体，反之，溶解度较小。因为溶质原子的溶入，会导致晶格畸变，而原子尺寸相差越大，畸变越严重，使溶解度下降。

（2）电负性因素。溶解度随电负性差的减小而增大。电负性大小与元素在周期表中的位置有关。

（3）电子浓度因素。

（4）晶体结构因素。

点阵相同的组元有利于溶解度的增加。

1.3.1.3　间隙固溶体的形成

间隙固溶体的溶解度，除与溶质原子尺寸因素有关外，主要取决于溶剂晶体点阵的间隙大小与形状及其所引起的点阵畸变，如图 1-11 所示。由于间隙尺寸大多小于溶质原子的尺寸，故间隙固溶体晶格畸变较大，其溶解度总是有限的。

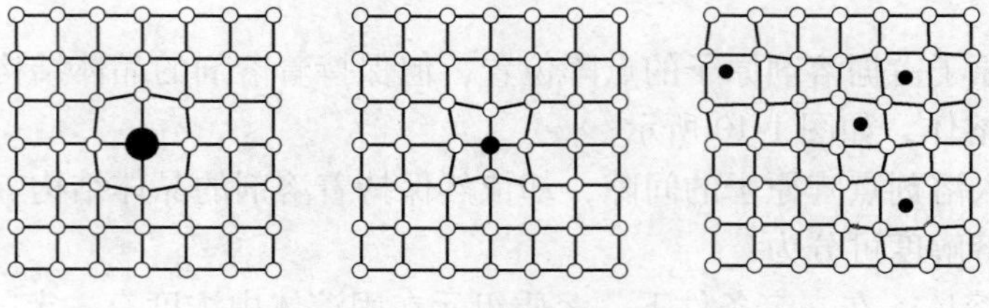

图 1-11　固溶体晶格畸变

1.3.1.4 固溶体的结构特点

（1）发生晶格畸变。由于固溶体溶质原子的存在及其尺寸差别，使得周围溶剂原子排列的规律性在一定范围内受到不同程度的干扰，并引起弹性应变——点阵畸变。对于置换固溶体，若溶质原子尺寸大于溶剂原子，则使周围点阵发生膨胀位移；反之，将引起收缩。在间隙固溶体中，溶质原子尺寸多大于点阵间隙，故通常使点阵发生膨胀变化。

点阵畸变的结果导致固溶体平均点阵常数的改变，一般随固溶体中溶质原子浓度的增加，平均点阵常数基本上呈直线变化规律。置换固溶体中，点阵常数将出现正偏差或负偏差，而间隙固溶体中，点阵常数随溶质原子浓度提高而增加。

（2）偏聚与有序现象。当同类原子（A-A、B-B）结合较强而处于低能量状态时，则溶质与溶剂分别在一定范围内各自倾向聚集，形成偏聚结构；异类原子（A-B）结合较强时，则溶质原子在固溶体点阵的一定范围内趋于有规则分布，形成短程有序结构。

（3）形成有序固溶体。某些具有一定原子组成比和在较高温度下保持无序（或短程有序）结构的固溶体，当降温至某一临界温度以下时，可能转变为长程有序结构，称为有序固溶体或超点阵。

1.3.1.5 固溶强化性能

无论是置换固溶体还是间隙固溶体，由于溶质原子尺寸与溶剂原子不同，其晶格都会产生畸变。由于晶格畸变增加了位错移动的阻力，使滑移变形难以进行，因此固溶体的强度和硬度提高，塑性和韧性则有所下降。这种通过溶入某种溶质元素来形成固溶体而使金属的强度、硬度提高的现象称为固溶强化。

1.3.2 金属化合物

1.3.2.1 正常价化合物

周期表上相距较远，电化学性质相差较大的两元素容易形成正常价化合物，通常由Ⅳ、Ⅴ、Ⅵ族元素组成，如 Mg_2Sn、Mg_2Si、MnS 等。

正常价化合物符合一般化合物的原子价规律，成分固定，并可用化学式表示。这类化合物具有高的硬度和脆性。当其在合金中弥散分布于固溶体基体中时，将起到强化相的作用，使合金强化。

1.3.2.2 电子化合物

电子化合物是由第Ⅰ族或过渡族元素与第Ⅱ至第Ⅴ族元素结合而成的。它不遵循原子价规律，而服从电子浓度规律。

电子化合物的结构取决于电子浓度，当电子浓度为 3/2(21/14）时，晶体结构为体心立方晶格，称为 β 相；电子浓度为 21/13 时，晶体结构为复杂立方晶格，称为 γ 相；电子浓度为 7/4(21/12）时，晶体结构为密排六方晶格，称为 ε 相。

电子化合物成分可以在一定范围内变化。

电子化合物具有很高的熔点和硬度，但脆性很大，一般只能作为强化相存在于合金特别是有色金属合金中。

1.3.2.3 间隙相和间隙化合物

这是一类由过渡族金属与原子半径很小的非金属形成稳定性较高的金属间化合物。

（1）间隙相（简单间隙相）。金属（A）与非金属（B）的原子半径比值 $r_B/r_A \leqslant 0.59$，其晶体结构较简单。该间隙相多具有面心立方和密排六方点阵结构，晶胞中，A、B两组元原子呈一定比例结合。按化学分子式，有 AB、AB_2、A_4B、A_2B 等类型。间隙相具有极高的熔点和硬度，具有明显的金属特性。

（2）间隙化合物（复杂间隙相）。当金属（A）与非金属（B）的原子半径比值 $r_B/r_A \geqslant 0.59$ 时，将形成具有复杂晶体结构的间隙相。其中大多是过渡族金属 Fe、Cr、Mn、W、Mo 等与碳原子组成的碳化物。

1）Fe_3C。通常称为渗碳体，正交晶系，每个碳原子分布于6个铁原子排列的间隙处。部分 Fe 原子可被其他过渡族金属原子置换，形成合金渗碳体。

2）M23C6。多以 Cr 为主的碳化物。

3）M6C。具有复杂立方晶体结构。

间隙化合物具有很高的熔点和硬度，但加热时易分解。

1.4　金属晶体的缺陷

在实际应用的金属中，总是不可避免地存在着不完整性，即原子的排列都不是完美无缺的。实际金属中原子排列的不完整性称为晶体缺陷。按照晶体缺陷的几何形态特征，可以将其分为以下3类：

（1）点缺陷。其特征是三个方向上的尺寸都很小，相当于原子的尺寸，例如空位、间隙原子、置换原子等，如图1-12所示。

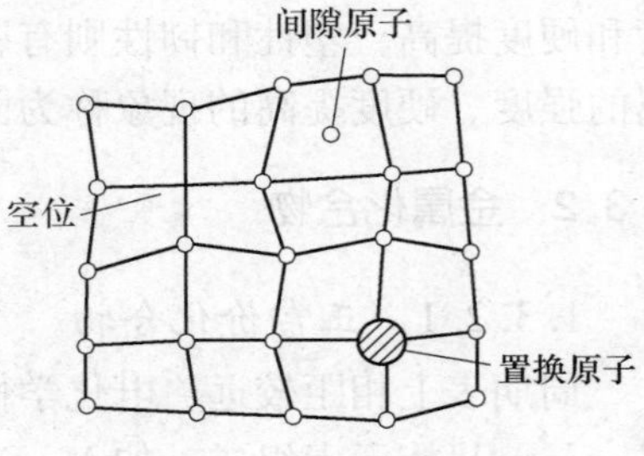

图1-12　点缺陷

（2）线缺陷。其特征是在两个方向上的尺寸很小，另一个方向上的尺寸相对很大。属于这一类缺陷的主要是位错。

（3）面缺陷。其特征是在一个方向上的尺寸很小，另两个方向上的尺寸相对很大，例如晶界、亚晶界等。

1.4.1　点缺陷

常见的点缺陷有三种，即空位、间隙原子和置换原子。

（1）空位。在实际晶体的晶格中，并不是每个平衡位置都为原子所占据，总有极少数位置是空着的，这就是空位。由于空位的出现，使其周围的原子偏离平衡位置，发生晶格畸变，所以说空位是一种点缺陷。

（2）间隙原子。间隙原子就是处于晶格空隙中的原子。晶格中原子间的空隙是很小的，一个原子硬挤进去，必然使周围的原子偏离平衡位置，造成晶格畸变，因此间隙原子也是一种点缺陷。间隙原子有两种，一种是同类原子的间隙原子，另一种是异类原子的间隙原子。

（3）置换原子。许多异类原子溶入金属晶体时，如果占据在原来基体原子的平衡位置上，则称为置换原子。由于置换原子的大小与基体原子不可能完全相同，因此其周围临近原子也将偏离其平衡位置，造成晶格畸变，因此置换原子也是一种点缺陷。

综上所述，不管是哪类点缺陷，都会造成晶格畸变，这将对金属的性能产生影响，如使屈服强度升高、电阻增大、体积膨胀等。此外，点缺陷的存在，还将加速金属中的扩散过程，从而影响与扩散有关的相变化、化学热处理、高温下的塑性变形和断裂等。

1.4.2 线缺陷

晶体中的线缺陷就是各种类型的位错。位错是一种极重要的晶体缺陷，它是在晶体中某处有一列或若干列原子发生了有规律的位错现象，使长度达几百至几万个原子间距、宽约几个原子间距范围内的原子离开其平衡位置，发生了有规律的错动。位错有多种类型，其中最简单、也是最基本的有两种，即刃型位错和螺型位错，如图 1-13 所示。

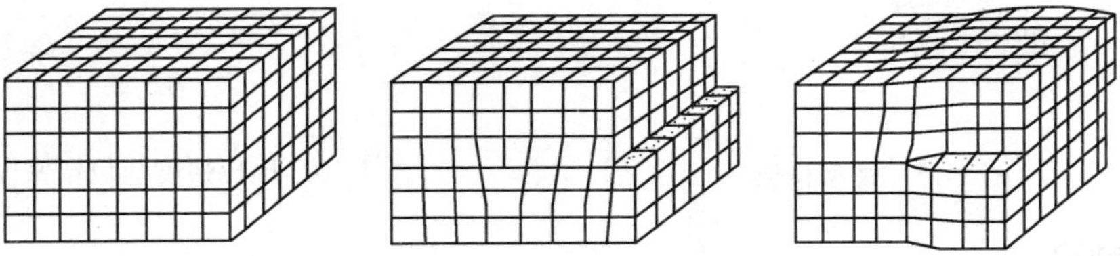

(a) (b) (c)

图 1-13 线缺陷

（a）完整晶体；（b）刃型位错；（c）螺型位错

（1）刃型位错。当一个完整晶体某晶面以上的某处多出半个原子面，该晶面像刀刃一样切入晶体，这个多余原子面的边缘就是刃型位错，如图 1-14 所示。沿着半原子面的“刃边”，晶格发生了很大的畸变，晶格畸变中心的连线就是刃型位错线，见图 1-14 中“⊥”处。位错线并不是一个原子列，而是一个晶格畸变的“管道”。半原子面在滑移面以上的称正位错，用“⊥”表示。半原子面在滑移面以下的称负位错，用“⊤”表示。

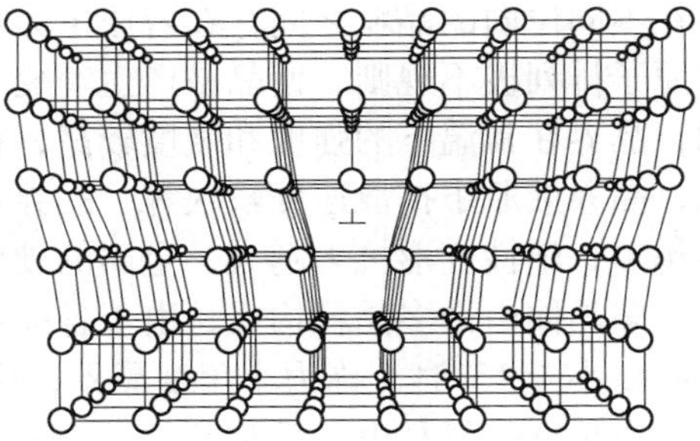

图 1-14 刃型位错

（2）螺型位错。如图 1-15 所示，晶体的上半部分已经发生了局部滑移，左边是未滑移区，右边是已滑移区，原子相对移动了一个原子间距。在已滑移区和未滑移区之间，有一个很窄的过渡区。在过渡区中，原子都偏离了平衡位置，使原子面畸变成一串螺旋面。在这螺旋面的轴心处，晶格畸变最大，这就是一条螺型位错。螺形位错也不是一个原子列，而是一个螺旋状的晶格畸变管道。

（3）位错密度，单位体积内所包含的位错线总长度。

$$\rho = S/V \ (\mathrm{cm/cm^3} \text{ 或 } 1/\mathrm{cm^2})$$

金属中的位错密度为 $10^4 \sim 10^{12}/\mathrm{cm^2}$。位错对性能的影响：金属的塑性变形主要由位错运动引起，因此阻碍位错运动是强化金属的主要途径。从 σ-ρ 关系可以看出，减少或增加位错密度都可以提高金属的强度，如图 1-16 所示。

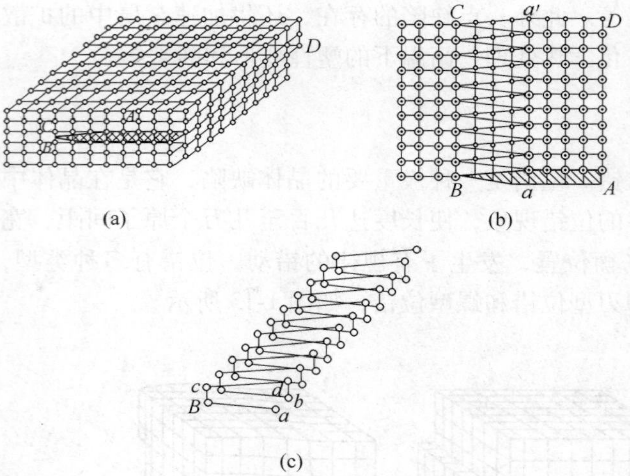

图 1-15　螺型位错

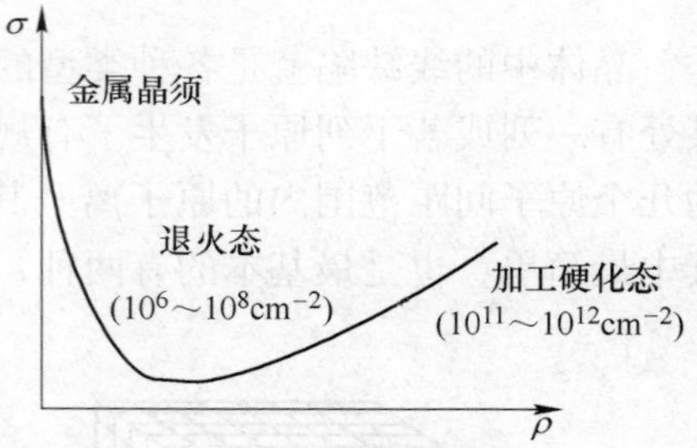

图 1-16　抗拉强度与位错密度的关系曲线

1.4.3　面缺陷

晶体中的面缺陷主要有两种，即晶界和亚晶界。

1.4.3.1　晶界

在多晶体中，由于各晶粒之间存在着位向差（相邻晶粒间的位向差通常为 30°～40°），故在不同位向的晶粒之间存在着原子无规则排列的过渡层，这个过渡层就是晶界。晶界处的原子排列极不规则，使晶格产生畸变，这就使晶界与晶粒内部有着许多不同的特性。例如，晶界在常温下的强度和硬度较高，在高温下则较低，晶界容易被腐蚀，晶界的熔点较低，晶界处原子扩散速度较快等。晶界对晶粒的塑性变形起阻碍作用，所以晶粒越细、晶界越多，塑性变形抗力越大，金属的硬度、强度就越高。

多晶体由许多晶粒构成，由于各晶粒的位向不同，晶粒之间存在晶界。当相邻两晶粒位向差小于 15°时，称为小角度晶界；位向差大于 15°时，称为大角度晶界。

小角度晶界是由一系列位错排列而成的，如图 1-17 所示。大角度晶界的原子排列处于紊乱过渡状态，如图 1-18 所示。

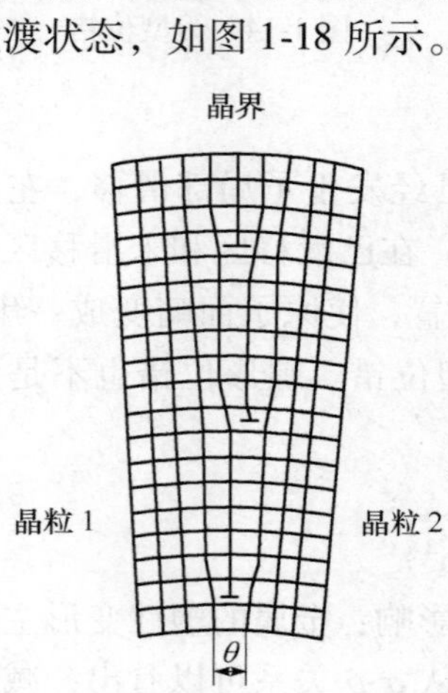

图 1-17　小角度晶界

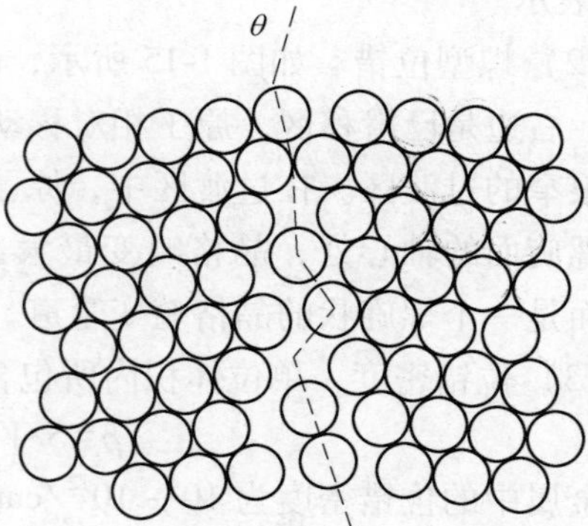

图 1-18　大角度晶界

1.4.3.2　亚晶界

在电镜下观察晶粒，可以看出除晶界外，每个晶粒也是由一些小晶块所组成的，这种小晶块称为亚晶粒，亚晶粒的边界称为亚晶界。亚晶界实际上是由一系列刃型位错所形成的小角度晶界，在一个晶粒内部，原子排列的位向也不完全一致，仍然由许多晶格位向差小于2°的小晶块构成。

1.5　晶体性能的方向性

晶体具有各向异性，沿着一个晶体的不同方向所测得的性能是不同的，如导电性、导热性、热膨胀性、弹性、强度、光学数据以及外表面的化学性质等，表现出或大或小的差异，称为各向异性或异向性。晶体的异向性是因其原子的规则排列而造成的。

金属材料通常是由许多不同位向的小晶体所组成，因此，自然界中的金属均为多晶体。这些小晶体往往呈颗粒状，不具有规则的外形，故称为晶粒。晶粒与晶粒之间的界面称为晶界。多晶体材料一般不显示出各向异性，这是因为它包含大量的彼此位向不同的晶粒，虽然每个晶粒有异向性，但整块金属的性能则是它们性能的平均值，故通常表现为各向同性，如图1-19所示。

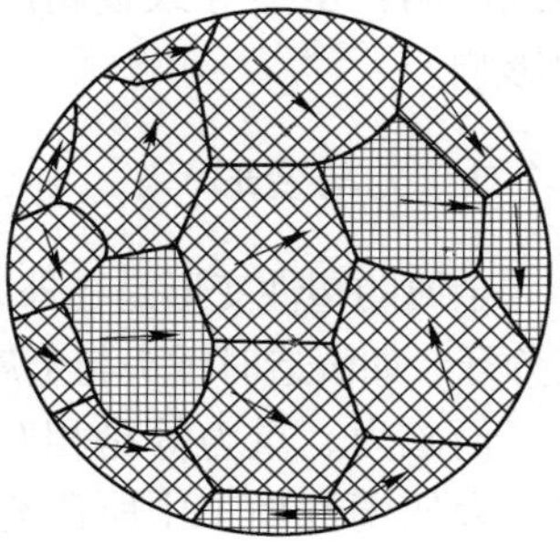

图1-19　多晶体

习　题

1-1　什么是晶体、非晶体、晶格、晶向指数、晶面指数？
1-2　常见的三种金属晶格类型是什么，其特点如何？
1-3　什么是固溶体，如何进行分类的，什么是固溶强化？
1-4　金属缺陷的种类有哪些，如何理解？
1-5　什么是单晶体、多晶体，其特点如何？

2 金属的塑性变形

2.1 塑性变形的力学基础

研究金属的塑性变形需要考虑的很重要的一个因素就是加工过程中的变形力学条件。实践证明：虽然导致金属产生不同变形的因素很多，但力对金属的加工成型具有非常直接的影响。

2.1.1 力与变形

金属的塑性变形是在外力的作用下产生的。而物体之间的这种作用力可直接接触，也可相互分开。如锻造时锤头与金属间的相互作用力，这种力是作用在接触面上的，称为表面力。

而磁力、重力等是相互分开时也存在的作用力，这种力作用于整个体积上，称为体积力。金属塑性加工中所研究的外力，是指表面力而不包括体积力。

金属在外力作用下产生塑性变形。外力主要有作用力和约束反力。

2.1.1.1　作用力

压力加工时设备的可动部分对工件所作用的力称为作用力，又称为主动力。如锻压时，锤头的机械运动对工件施加的压力 P（见图 2-1）；拉拔时，拉丝钳对工件作用的拉力 P（见图 2-2）；挤压时，活塞的顶头对工件的挤压力 P（见图 2-3）等。

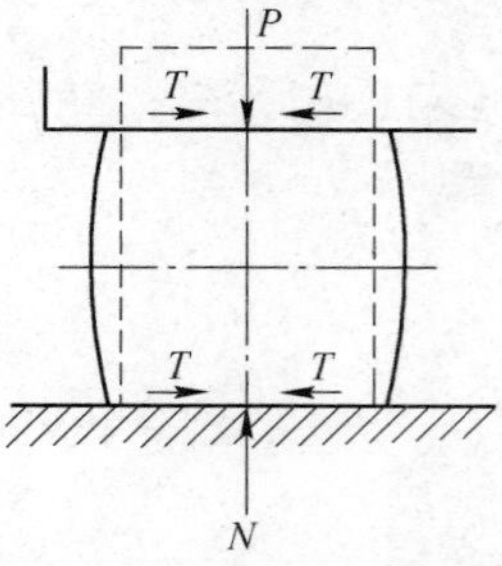

图 2-1　自由锻造

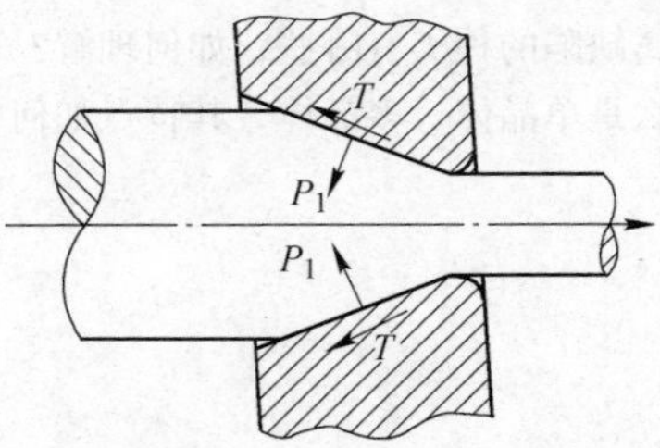

图 2-2　拉拔

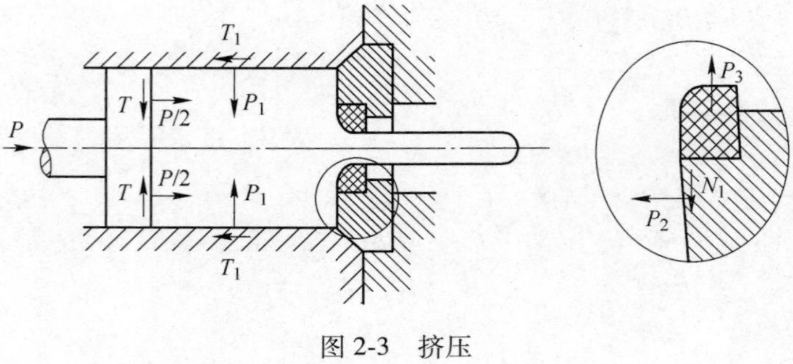

图 2-3　挤压

作用力的大小取决于工件变形时所需的能量的多少，它可以由仪器实测，也可用理论和经验的方法计算出来。

2.1.1.2　束反力

工件在主动力的作用下，其运动受到工具其他部分的限制促成工件的变形，且工件变形时与工具的摩擦力均称为约束反力。约束反力有正压力和摩擦力。

（1）正压力。沿工具与工件接触面的法线方向阻碍金属整体移动或金属流动的力，并垂直指向变形工件的接触面，如图 2-1 中的 N 和图 2-2 中的 P 所示 。

（2）摩擦力。沿工具与工件接触面的切线方向阻碍金属流动的剪切力，其方向与金属质点流动方向或变形趋势相反，如图 2-1 中的 T 和图 2-2 中的 T 所示。

2.1.2　内力与应力

物体在不受外力作用时，也存在着内力。它是物体内原子之间相互作用的吸引力和排斥力，这种引力和斥力的代数和为零。因此，使得金属（固体）保持一定的形状和尺寸。但当物体受外力作用时，且其质点的运动受到阻碍时，为平衡外力而在物体内部产生了抵抗外力的力，这种抵抗变形的力就是内力。

由此可见，在外力作用下金属内部会产生与之相平衡的内力抵抗变形；同时还会为维护自身的相平衡也产生一定的内力，如不均匀变形，不均匀加热（或冷却）及金属相变等过程产生的内力。如图 2-4 所示，右边温度高，左边温度低，造成右边的热膨胀大于左边，但由于金属是一个整体，因此，温度高的一侧将受到温度低的一侧的限制，不能独立膨胀到应有的伸长量而受到压缩；同样，温度低的一侧在另一侧的影响下受拉而增长。此时，金属内部产生了一对相互平衡的内力，即拉力和压力。

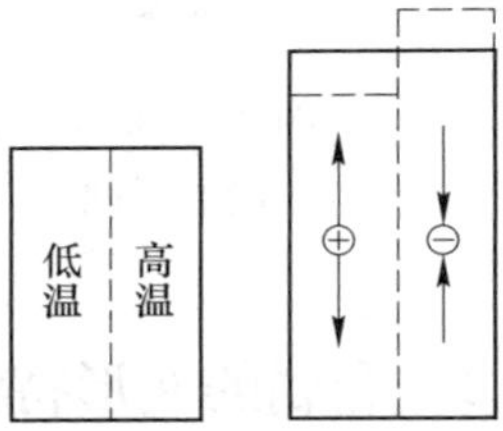

图 2-4　左右温度不均引起的自相平衡内力

轧件轧后的不均匀冷却造成的弯曲、瓢曲及金属相变等都会使工件内部产生内力。内力的强度称为应力，即单位面积上作用的内力称为应力。一般所说的应力，应理解为一极小面积上的总内力与其面积的比值的极限，其数学表达式为：

$$\sigma = \lim_{\Delta F \to 0} \frac{\Delta P}{\Delta F} \tag{2-1}$$

只有当内力是均匀作用于被研究的截面时，才可以用一点的应力大小来表示该截面上的应力。如果内力分布不均匀，则不能用某点的应力表示所研究截面上的应力，而只能用内力与该截面的比值表示。此值称为平均应力，即：

$$\sigma = F/S_0, \text{MPa} \tag{2-2}$$

式中　σ——平均应力，MPa；

F——总内力，N；

S_0——内力作用的面积，mm。

金属在受力状态下产生内力，且其形状和尺寸也发生变化的现象称为变形。

金属依靠原子之间的作用力（吸引力和排斥力）将原子紧密地结合在一起。而金属变形时，所施加的外力必须克服其原子间的相互作用力与结合能。原子间的相互作用力和能同原子间距的关系如图 2-5 所示。由图可知，当两个原子相距无限远时，它们相互作用的引力和斥力均为零。当把它们从无限远处移近时，其引力和斥力的大小随原子间距的变化而变化，但在原子间距 $r=r_0$处时，引力和斥力相等，即原子间相互作用的合力为零，此时原子间的位能为零。由此可见，当 $r=r_0$时原子间的位能最低。而原子在 r_0处最稳定处于平衡位置。图 2-6 为一理想晶体中的原子点阵及其势能曲线示意图。显然，在 AB 线上的原子处于 A_0、A_1、A_2等位置上的时间最为稳定。如果 A_0处的原子要移到 A_1位置上，就必须越过高为 h 的“势垒”才有可能。

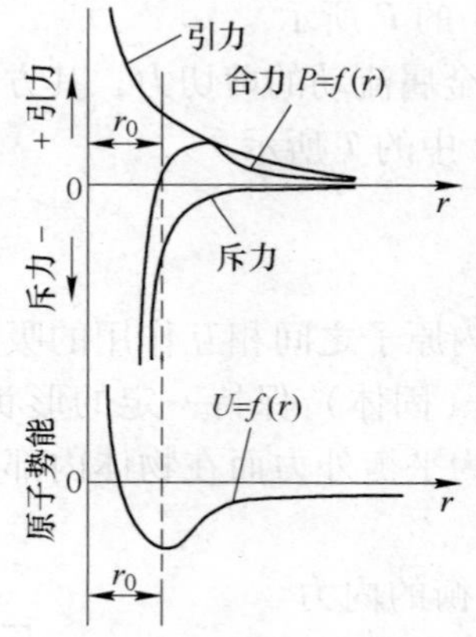

图 2-5　原子间的作用力和能同原子间距（r）的关系

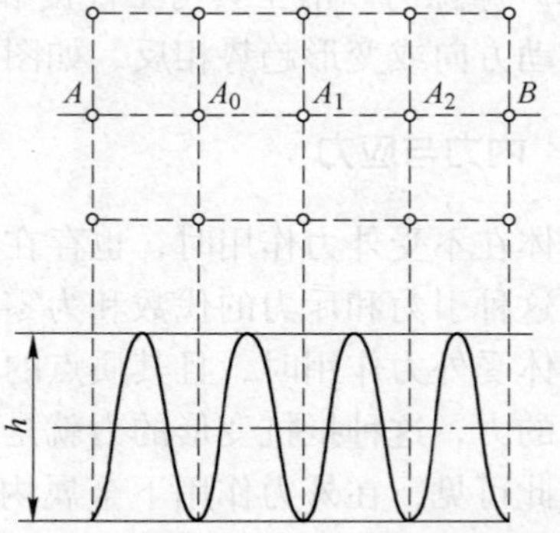

图 2-6　理想晶体中的原子排列及其位能曲线

2.2　金属的变形特性

在外力作用下，原子间原有的平衡被打破，原子由原来的稳定状态变为不稳定状态。此时，原子间距发生变化，原子的位置发生偏移，一旦外力去除，原子仍可恢复到原来的平衡位置，使变形消失。这就是弹性变形。因此，弹性变形实质上是指当所施加的外力或能不足以使原子跨越势垒时所产生的变形，即可完全恢复原有状态的变形。

但当外力大到可以使原子跨越势垒而由原有的一种平衡达到另一种新的平衡，且外力去除后，原子也不能恢复到原有位置的变形就是塑性变形。

由此可见，金属在发生塑性变形以前，必然先发生弹性变形，即由弹性变形过渡到塑性变形，这就是所谓的弹—塑性变形共存定律。而金属最终的变形形式取决于外力的大小。

2.2.1　应力—应变曲线

拉伸实验是测定抗拉强度的。

2.2.1.1　拉伸试样

长试样：
$$l_0=10d_0 \tag{2-3}$$

短试样：
$$l_0=5d_0 \tag{2-4}$$

式中　l_0——标距长度；

d_0——试样直径；

2.2.1.2 拉伸曲线

拉伸过程中试样承受的载荷和产生的变形量之间的关系的曲线，称为拉伸曲线。

以低碳钢的拉伸曲线为例（见图 2-7），分为以下 4 个阶段：

（1）*oe* 阶段——弹性变形阶段。

（2）*es* 阶段——屈服阶段。

（3）*sb* 阶段——强化变形阶段。

（4）*bz* 阶段——颈缩阶段。

为了不同长短、粗细的试样进行比较，将拉伸曲线中的纵、横坐标分别改为应力（$\sigma = P/A_0$）和应变（$\varepsilon = (1-10)/10$），即为应力-应变曲线，如图 2-8 所示。由于拉伸时，横截面积每时每刻都在改变，而计算应力是一直用原始横截面积 A_0，故所得应力不是真实应力，因此也称为名义应力—应变曲线。

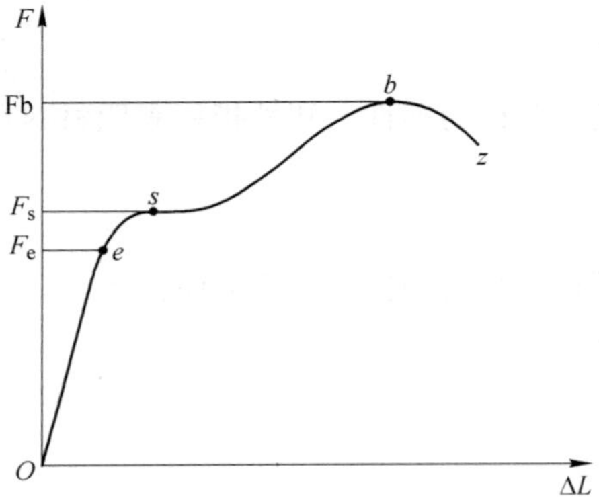

图 2-7 拉伸曲线

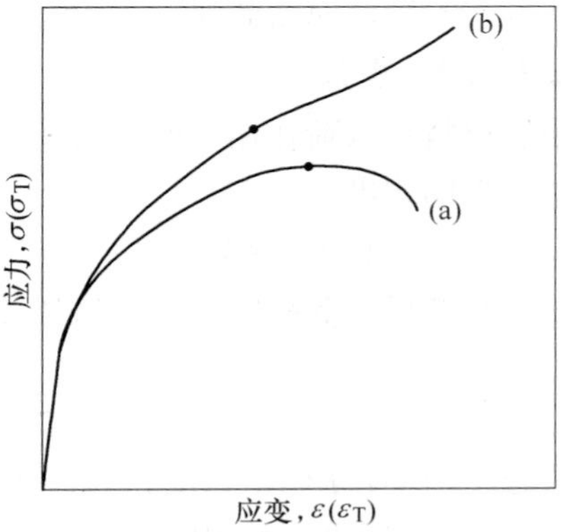

图 2-8 应力-应变曲线

2.2.2 金属的力学性能

2.2.2.1 强度

金属在静载荷作用下，抵抗塑性变形或断裂的能力成为强度。根据载荷作用的方式分为抗拉强度、抗压强度、抗弯强度、抗扭强度和抗剪强度。一般情况下多以抗拉强度作为判别金属强度高低的指标。

A 弹性极限 σ_e

弹性极限表示应力去除后不遗留任何永久变形的条件下，材料能承受的最大应力。单位为帕（Pa），$1Pa = 1N/m^2$。

$$\sigma_e = F_e / S_0, \text{MPa} \tag{2-5}$$

式中 F_e——试样在 *e* 点所承受的载荷，N；

S_0——试样原始截面积，mm^2。

B 屈服极限（屈服点、屈服强度）σ_S

材料屈服极限是使试样产生给定的永久变形时所需要的应力，金属材料试样承受的外力超过材料的弹性极限时，虽然应力不再增加，但是试样仍发生明显的塑性变形，这种现象称为屈服，即材料承受外力到一定程度时，其变形不再与外力成正比而产生明显的塑性变形，产生屈服时的应力称为屈服极限，用 σ_s 表示。有些材料的屈服点并不明显。工程上常规定当残余变形达到 0.2%时的应力值，作为条件屈服极限，以 $\sigma_{0.2}$ 表示。

$$\sigma_S = F_S / S_0 \text{，MPa} \tag{2-6}$$

式中　F_S——试样在 S 点所承受的载荷，N；

S_0——试样原始截面积，mm^2。

C　强度极限（抗拉强度）σ_b

强度极限是物体在外力作用下发生破坏时出现的最大应力，也可称为破坏强度或破坏应力。

$$\sigma_b = F_b / S_0 \text{，MPa} \tag{2-7}$$

式中　F_b——试样在拉断前所承受的最大载荷，N；

S_0——试样原始截面积，mm^2。

2.2.2.2　塑性

金属材料在载荷作用下断裂前发生永久变形的能力称为塑性。塑性指标表明材料可发生塑性变形的程度。

A　断后伸长率（δ）

试样拉断后，其标距部分内所增加的长度与原标距长度的比值，称为伸长率。

$$\delta_n = l_1 - l_0 / l_0 \times 100\% \tag{2-8}$$

式中　l_1——拉断后试样的标距长度；

l_0——试样原标距长度；

n——取值为 5 或 10。

B　断面收缩率（ψ）

试样拉断后，其断裂处横截面的缩减量与原横截面面积的比值，称为断面收缩率。

$$\psi = S_0 - S_1 / S_0 \times 100\% \tag{2-9}$$

式中　S_0——试样原始横截面面积；

S_1——试样拉断后缩颈处的横截面面积。

2.2.2.3　硬度

表明金属材料抵抗更硬物体压入其表面的能力或金属材料表面抵抗变形的能力。硬度是衡量金属材料软硬程度的指标。常用的有布氏硬度、洛氏硬度、维氏硬度、肖氏硬度等。

A　布氏硬度（HB）

（1）测定方法。在规定的载荷 F(kgf) 的作用下，将一个直径为 D(mm) 的淬火钢球或硬质合金球压入被测试样表面并停留一定时间，使塑性变形稳定后，再卸除载荷，测量被测试金属表面上所形成的压痕直径 d，计算出压痕的球缺面积 A(mm^2)，然后求出压痕单位面积所承受的平均载荷（F/A）。

（2）计算方法：

$$\text{HBS(HBW)} = \frac{F}{A} = 0.102 \times \frac{2F}{\pi D(D - \sqrt{D^2 - d^2})} \tag{2-10}$$

式中 S——用淬硬钢球（W 表示硬质合金球）试验时的布氏硬度值；

F——试验力，N；

D——球体直径，mm；

A——压痕表面积，mm^2；

d——压痕平均直径，mm。

（3）表示方法：

硬度值+HBS(HBW）+压头直径(mm）+试验力(kgf）+试验力保持时间(s)

压头直径 D(mm）有 1、2、2.5、5、10 五种。

试验力保持时间（s）：一般黑色金属 10~15s；有色金属为 30s。

（4）布氏硬度测试法的特点。

优点：数据准确，稳定。

缺点：压痕大，不宜测成品，薄片金属及硬度较高金属（HB>450），原因是钢球变形，数据不准。

B 洛氏硬度

（1）测定方法。用顶角 120°金刚石圆锥体或直径为 1.588mm 的淬火钢球为压头，在规定的载荷作用下压入被测金属表面，然后根据压痕深度来确定试件的硬度值。

载荷分两次加上，先加初载荷 10kgf(F_1)，使压头紧密接触试件表面，并压入深度为 h_1，然后加主载荷，继续压入金属表面，待总载荷全部加上并稳定后，将主载荷去除，由于被测试试件金属的弹性变形的恢复，压头压入深度是 h_3，压头在主载荷作用下压入金属表面的塑性变形深度 h。

（2）计算方法：

$$HR = K - e/0.002$$

式中 e——压痕深度，$e = h_3 - h_1$；

K——常数，用金刚石圆锥体压头进行试验时为 0.2，用淬火钢球压头进行试验时为 0.26。

（3）三种常用的洛氏硬度见表 2-1。

表 2-1 三种常用的洛氏硬度

硬度标尺	压头类型	总测试力/N	硬度值有效范围	应用举例
HRC	120°金刚石圆锥体	1471.0	20~67HRC	一般淬火钢
HRB	ϕ1.5875mm 硬质合金球	980.7	25~100HRB	软钢、退火钢、铜合金等
HRA	120°金刚石圆锥体	588.4	60~85HRA	硬质合金、表面淬火钢等

注：各种不同标尺的洛氏硬度值不能直接进行比较。

（4）表示方法：

数字+HRA(HRB、HRC)

数字表示硬度值。

（5）洛氏硬度测试法的特点。

优点：操作迅速、简便、测量范围大、压痕小，不伤零件表面。

缺点：压痕小对内部组织和硬度不均匀的材料测值不准。

C　维氏硬度

（1）测定方法。将一个顶角为 136°的金刚石正四棱锥压头，在规定载荷作用下，压入试件表面，保持一定时间后卸除载荷，然后根据压痕对角线长度来确定试件硬度。

（2）计算方法：

$$HV = 0.1891F/d^2 \tag{2-11}$$

式中　HV——维氏硬度；

F——实验力，N；

d——压痕两对角线长度的算术平均值，mm。

2.2.2.4　冲击韧性

金属材料抵抗冲击载荷作用而不破坏的能力称为冲击韧性。常用一次摆锤冲击弯曲试验来测定冲击韧性。

（1）试验设备为摆锤式冲击试验机。

（2）试验试样：10mm×10mm×55mm 的 U 形缺口和 V 形缺口试样。

（3）试验原理及方法：

1）试验原理。能量守恒原理，试样被冲断过程中吸收的能量等于摆锤冲击试样前后的势能差。

2）冲击吸收功（A_K）。试样变形和断裂所消耗的功 $A_K = GH_1 - GH_2$。

3）冲击韧性 a_K：冲击试样缺口处单位横截面积上的冲击功。

$$a_K = A_K / S_0 \tag{2-12}$$

实践证明，金属材料受大能量的冲击载荷作用时，其冲击抗力主要取决于冲击韧性 a_K；而在小能量多次冲击条件下，其冲击抗力主要取决于材料的强度和塑性。

2.2.2.5　疲劳强度

在交变应力作用下，金属会由于疲劳而产生破坏。疲劳破坏的特征有：

（1）疲劳断裂时没有明显的宏观塑性变形，断裂前没有预兆，而是突然破坏。

（2）引起疲劳断裂的应力很低，常常低于材料的屈服点。

疲劳破坏产生的原因：材料表面或内部有缺陷（夹杂、划痕、显微裂纹等），如图 2-9 和图 2-10 所示。

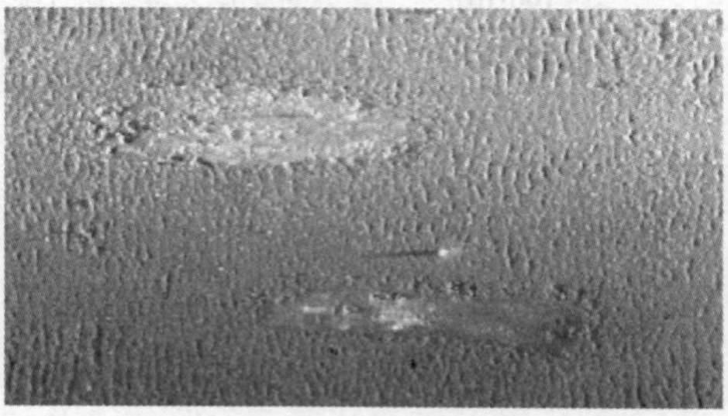

图 2-9　夹杂

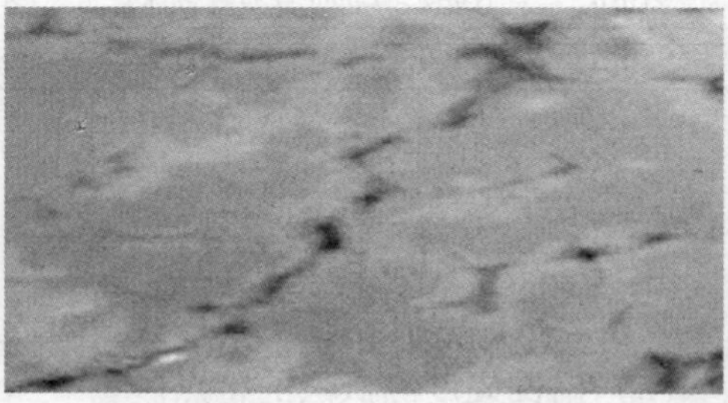

图 2-10　裂纹

2.3 单晶体的塑性变形

晶体的塑性变形是在切应力作用下发生的，其变形方式主要表现为滑移。不同金属产生滑移的临界切应力大小不同（钨、钼、铁产生滑移的临界切应力大于铜、铝）。

所谓滑移是指晶体的一部分沿一定晶面和一定晶向与另一部分产生相对滑动，滑移的产生使得金属内部结构发生了变化。

2.3.1 滑移带与滑移线

单晶体表面变形是所显示的滑移条纹，称为滑移带，而滑移带又是由一簇相互平行的滑移线组成，如图2-11所示。

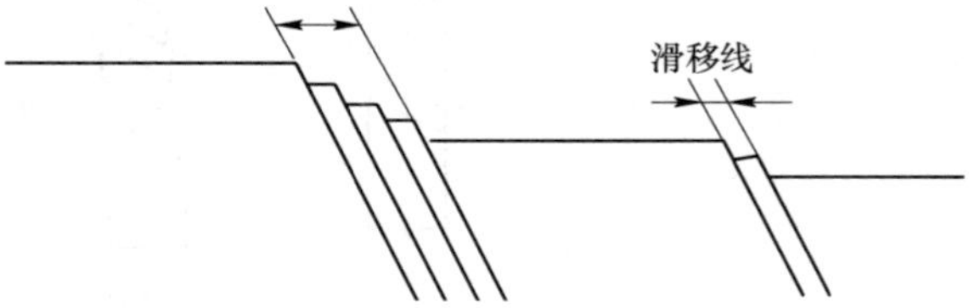

图 2-11 滑移带与滑移线

2.3.2 滑移系

晶体中一个滑移面及该面上一个滑移方向的组合称一个滑移系。对面心立方金属滑移面为 {111} 滑移方向为<110> ，一共有 12 个。对体心立方金属，低温时滑移面一般为 {112}，中温时滑移面一般为 {110}，但是其滑移方向很稳定为<111>，所以一共有 12~48 个。高温时滑移面一般为 {123}，对密排六方金属，有 3 个或 6 个。由于滑移数量较少，所以密排六方结构晶体的塑性通常不是很好。在塑性变形中，单晶体表面的滑移线并不是任意排列的，它们彼此之间或者相互平行，或者互成一定角度，表明滑移是沿着特定的晶面和晶向进行的，这些特定的晶面和晶向分别称为滑移面和滑移方向。一个滑移面和其上的一个滑移方向组成一个滑移系。每个滑移系表示晶体进行滑移时可能采取的一个空间方向。在其他条件相同时，滑移系越多，滑移过程可能采取的空间取向越多，塑性越好。

滑移一般产生在晶体中原子排列最紧密的面和原子排列最紧密的滑移方向。这是因为密排面之间的面间距离最大，面与面之间的结合力较小，滑移的阻力小，故易滑动。而沿密排方向原子密度大，原子从原始位置达到新的平衡位置所需要移动的距离小，阻力也小。每一种晶格类型的金属都具有特定的滑移系，如图 2-12 所示。一般来说，滑移系的多少在一定程度上决定了金属塑性的好坏。然而，在其他条件相同时，金属塑性的好坏不只取决于滑移系的多少，还与滑移面原子密排程度及滑移方向的数目等因素有关。

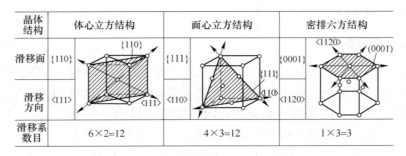

晶体结构	体心立方结构		面心立方结构		密排六方结构	
滑移面	{110}	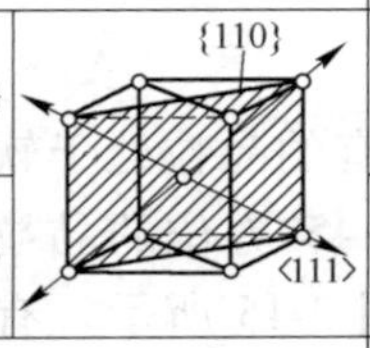	{111}	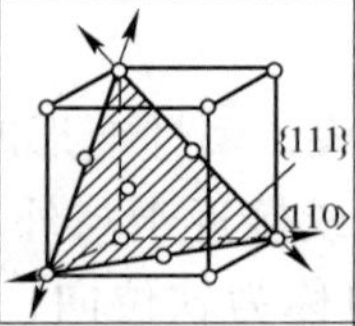	{0001}	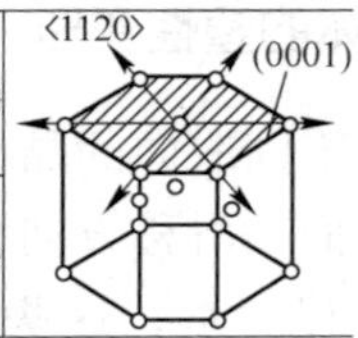
滑移方向	〈111〉		〈110〉		〈1120〉	
滑移系数目	6×2=12		4×3=12		1×3=3	

图 2-12 滑移系

单晶体在滑移时会发生转动，且滑移在多组滑移系中同时进行或交替进行，如图 2-13 所示。

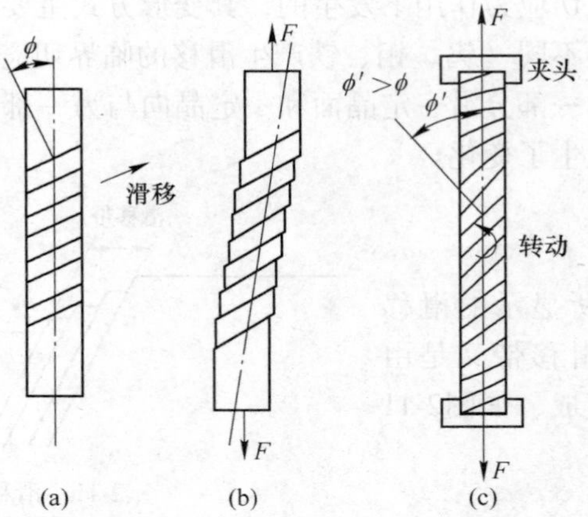

图 2-13 单晶体滑移

2.3.3 滑移的位错机制

利用刚性滑移计算出的金属的屈服强度值与实测值有较大的差异，说明金属的滑移不是刚性滑移，而是利用金属中的位错进行的，如图 2-14 所示。

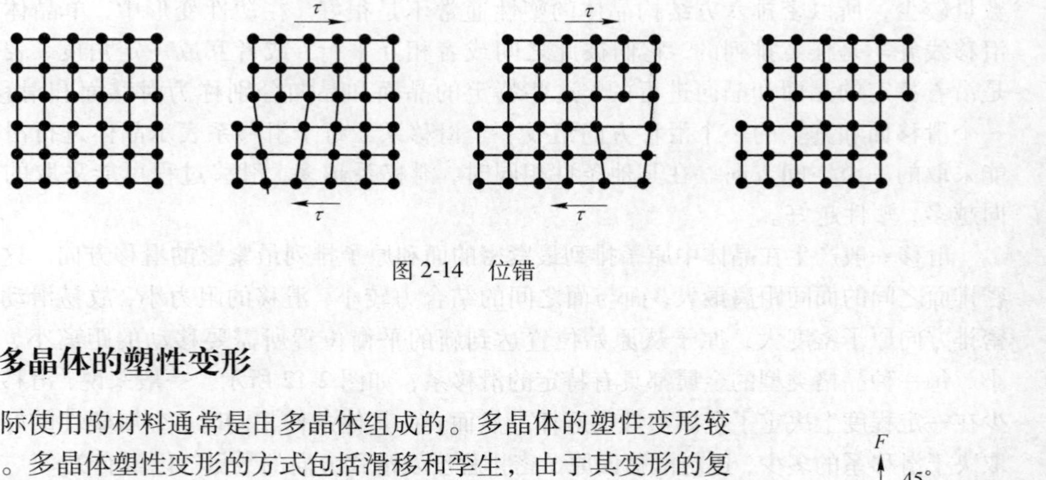

图 2-14 位错

2.4 多晶体的塑性变形

实际使用的材料通常是由多晶体组成的。多晶体的塑性变形较为复杂。多晶体塑性变形的方式包括滑移和孪生，由于其变形的复杂性使得多晶体的变形存在不均匀性。

2.4.1 多晶体的塑性变形

多晶体由不同取向的晶粒组成，塑性变形时，有的晶粒处于软取向，凡滑移面和滑移方向位于或接近于与外力成 45°方位的晶粒将首先发生滑移变形，这些位向称为软位向，如图 2-15 所示。有的处于硬取向，凡滑移面和滑移方向位于或接近于与外力成 90°方位的晶粒的位向称为硬取向。由此可见，多晶体塑性变形时晶粒之

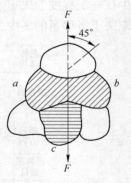

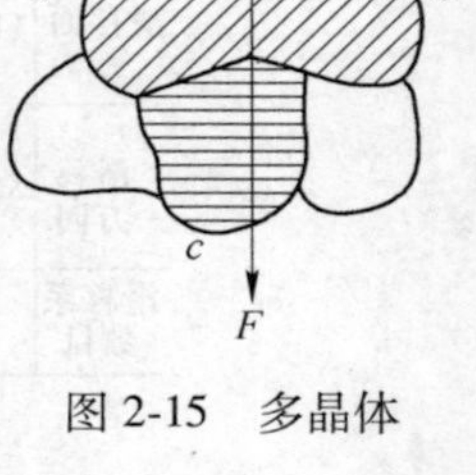

图 2-15 多晶体

间会相互制约、相互影响。

2.4.2 晶界及晶粒位向的影响

晶界抵抗塑性变形的能力较大。晶粒越细就表现出晶界面积及不同位向晶粒越多，金属的塑性变形抗力就大，强度和硬度越高。同时，晶粒越细可能发生滑移的晶粒越多，变形可以分散在更多的晶粒内进行，故塑性、韧性越大。晶界强化是金属材料的一种极为重要的强化方法，细化晶粒不但可以提高材料的强度，同时还可以改善材料的塑性和韧性。

习　题

2-1 解释以下名词：滑移，滑移带，软取向，硬取向。

2-2 试用多晶体的塑性变形过程说明金属晶粒越细强度越高、塑性越好的原因是什么。

2-3 试述金属经塑性变形后组织结构与性能之间的关系。

2-4 简述布氏硬度、洛氏硬度测试特点。

2-5 金属材料强度指标、塑性指标有哪些，如何理解？

3 轧制理论

3.1 基本轧制参数

轧制理论是建立在塑性变形理论基础上的，是研究轧制工艺、设备和数学模型的理论基础之一。轧制理论包括轧制基本理论、力能参数的计算和连扎理论等。其研究逐渐由探索计算各种力能参数的方法转向对各种生产现象，完善工艺的研究。

轧件靠摩擦力将其带进旋转的轧辊之间，受到压缩产生塑性变形的过程即为轧制。轧制是一个获得所需要的形状、尺寸和性能产品的过程，如图 3-1 所示。

3.1.1 轧制变形量的表示方法

轧件在轧制后，其高度、宽度和长度 3 个方向的尺寸都有可能发生变化，其高度由 H 变为 h，称为压缩；宽度由 B 变为 b，称为宽展；长度由 L 变为 l，称为延伸。将物体的长、宽、高视为主轴，常用的变形表示方法简述如下。

3.1.1.1　绝对变形量

轧件变形前后尺寸的变化如图 3-2 所示。

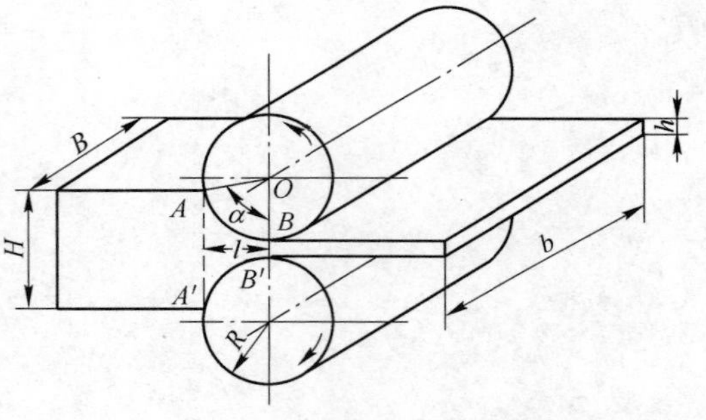

图 3-1　轧制示意图

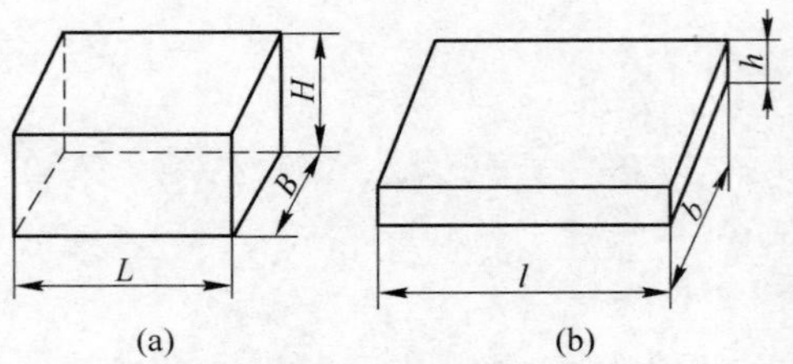

图 3-2　轧件变形前后尺寸的变化

$$\text{压下量 } \Delta h = H - h$$
$$\text{宽展量 } \Delta b = b - B$$
$$\text{延伸量 } \Delta l = l - L \tag{3-1}$$

绝对变形量一般用于工程计算，但不能反映物体的变形程度。

3.1.1.2　相对变形量

相对变形量用绝对变形量与原始线尺寸的比值表示。

$$\varepsilon_1 = \Delta h / H \times 100\%$$
$$\varepsilon_2 = \Delta b / B \times 100\%$$
$$\varepsilon_3 = \Delta l / L \times 100\% \tag{3-2}$$

相对变形量表示了物体的变形程度，但直观性较差。

3.1.1.3 变形系数

$$\text{压下系数}\ \eta=H/h$$
$$\text{宽展系数}\ \omega=b/B \qquad (3\text{-}3)$$
$$\text{延伸系数}\ \mu=l/L$$

3.1.1.4 总延伸系数

成品长度与原料长度的比值称为总延伸系数。

$$\mu_z=l_n/L \qquad (3\text{-}4)$$

总延伸系数与各道次延伸系数的关系是：

$$\mu_z=\mu_1\times\mu_2\times\mu_3\times\cdots\times\mu_n \qquad (3\text{-}5)$$

将总延伸系数开 n 次方得到平均延伸系数：

$$\mu=\sqrt[n]{\mu_z} \qquad (3\text{-}6)$$

总延伸系数与平均延伸系数的对数比值称为轧制道次。

$$n=\log\mu_z/\log\mu \qquad (3\text{-}7)$$

3.1.2 轧制速度与变形速度

3.1.2.1 轧制速度

轧制速度是指在变形区出口断面轧件的前进速度，一般也可以理解为轧辊的圆周速度，用轧辊的转速和轧辊的平均工作辊径来计算。

$$v=\pi nD_g/60,\ \mathrm{m/s} \qquad (3\text{-}8)$$

式中 n——轧辊转速，r/min；

D_g——轧辊平均工作辊径，m。

3.1.2.2 变形速度

变形速度是研究摩擦、不均匀变形、变形抗力的重要因素之一。它与轧制速度有关系，但不是一个概念。

A 概念

变形速度是变形程度对时间的变化率。

$$\dot{\varepsilon}=\mathrm{d}\varepsilon/\mathrm{d}t,\ \mathrm{s^{-1}} \qquad (3\text{-}9)$$

变形速度表示单位时间变形程度的大小，在轧制理论中一般用高度方向的变形速度代表整体进行讨论。

B 轧制时的平均变形速度

工程使用时用轧辊接触弧的中点处的变形速度代表整体的变形速度，称为平均变形速度。

求解平均变形速度的程序：第一步求轧件出口速度；第二步求平均变形速度。

计算轧制时平均变形速度的艾克隆德公式：

$$\dot{\varepsilon}=\frac{2v\sqrt{\Delta h/R}}{H+h} \qquad (3\text{-}10)$$

3.2　轧制变形区

3.2.1　变形区

在轧制过程中，轧件的变形只产生于与轧辊相接触的区域内，这个区域称为变形区。变形区由几何变形区和物理变形区组成。

（1）几何变形区。由轧辊与轧件的接触弧及轧件出、入口断面所围的区域，主要的变形发生在几何变形区。

（2）物理变形区。受轧件整体性的影响，在几何变形区的前后各一小块变形区，其大小受各种外界条件的影响不确定性很大，较难计算，并且该变形区较小，所以一般忽略不计。

3.2.2　变形区参数

变形区参数主要包括咬入角 α，变形区长度 l、入口断面高度 H、宽度 B、出口断面高度 h、宽度 b，如图 3-3 所示。

（1）咬入角。接触弧所对应的圆心角称为咬入角，如图 3-4 所示。

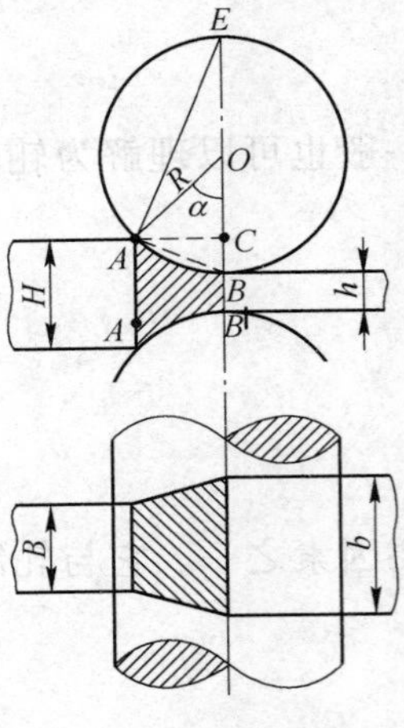

图 3-3　变形区示意图

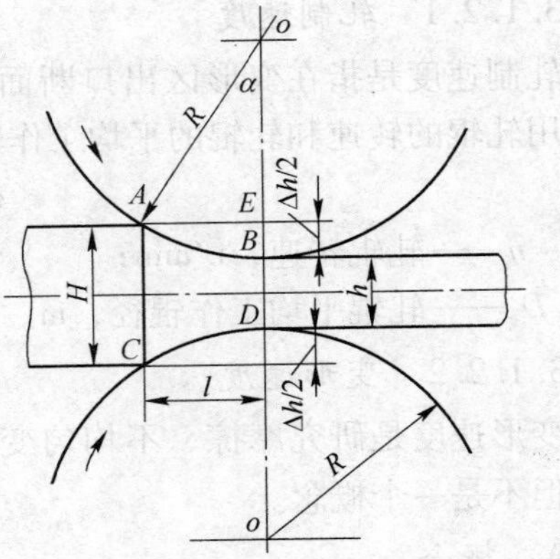

图 3-4　咬入角计算示意图

咬入角的求法：

$$BE=\Delta h/2$$

$$BE=R-OC$$

$$OE=R\cdot\cos\alpha$$

$$\Delta h/2=R-R\cdot\cos\alpha=R\,(1-\cos\alpha)$$

$$\Delta h=D(1-\cos\alpha) \tag{3-11}$$

根据三角函数相关定义，当 α 角比较小时，

$$1-\cos\alpha=2\cdot\sin^2(\alpha/2)$$

$$1-\cos\alpha=2(\alpha/2)^2$$

$$1-\cos\alpha=\alpha^2/2 \tag{3-12}$$

将式（3-12）代入式（3-11），得咬入角近似计算公式：

$$\alpha=\sqrt{\Delta h/R}\quad（弧度）\tag{3-13}$$

$$\alpha=57.3\sqrt{\Delta h/R}\quad（度）$$

（2）变形区长度。接触弧 AB 的水平投影长度称为变形区长度。数学表达式为：

$$l=\sqrt{R\cdot\Delta h}\tag{3-14}$$

3.3 轧制的建立

3.3.1 咬入条件

3.3.1.1 轧件受力分析

当轧件与轧辊接触时，在作用点轧件作用于轧辊一径向压力 N，并产生与 N 垂直的摩擦力 T，如图 3-5 和图 3-6 所示。因为轧件企图阻止轧辊的转动，所以摩擦力的方向与轧辊转动方向相反。根据牛顿定律，轧辊对轧件将产生与 N 力大小相等、方向相反的径向力 N，以及在 N 力作用下产生的与 T 方向相反的切向摩擦力 T。N 力有阻止轧件进入辊缝的作用，T 力有将轧件拉入辊缝的作用。

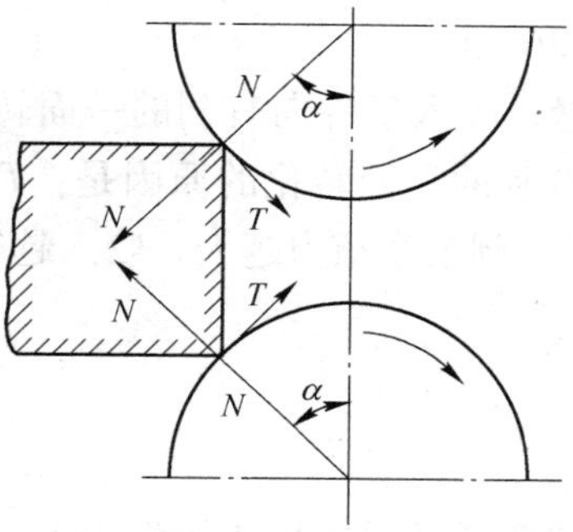

图 3-5 轧辊对轧件的作用力和摩擦力

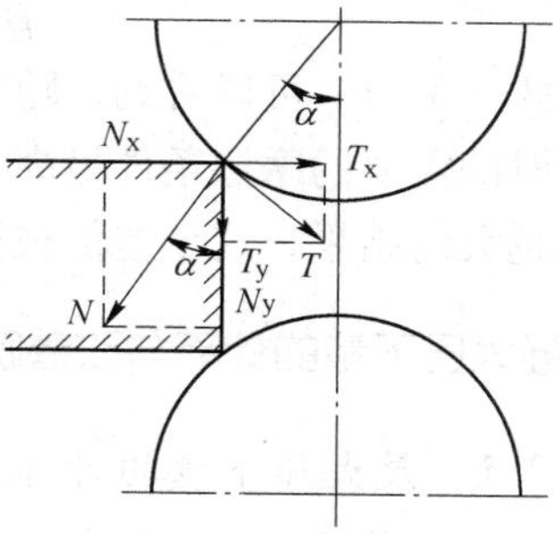

图 3-6 作用力和摩擦力的分解

3.3.1.2 咬入条件

旋转的轧辊把轧件拉入辊缝称为咬入。由作用在轧件上的力的分析可知，轧件是否能被咬入，关键是看径向压力 N 的水平分量和摩擦力 T 的水平分量哪一个占优。

径向压力 N 和摩擦力 T 均可以被分解成两个分力，其中：N_y 和 T_y 是压缩轧件的，使轧件产生塑性变形，有利于轧件的咬入；T 的水平分力 T_x 是将轧件拉入辊缝，N 的水平分力 N_x 是将轧件推出辊缝。显然：

$T_x>N_x$ 可以咬入

$T_x<N_x$ 不能咬入

$T_x=N_x$ 临界条件

$T_x=T\cdot\cos\alpha\quad N_x=N\cdot\sin\alpha$

代入临界条件得：

$$T\cdot\cos\alpha=N\cdot\sin\alpha$$

$$T/N=\sin\alpha/\cos\alpha$$

$$f=\tan\alpha \tag{3-15}$$

因为 $f=\tan\beta$，β 为摩擦角

所以 $\tan\beta=\tan\alpha$

$\beta=\alpha$ 临界状态

根据咬入分析得：

$$\beta\geqslant\alpha \tag{3-16}$$

即咬入条件为摩擦角大于咬入角，且：

$$\alpha_{max}=\beta \tag{3-17}$$

3.3.1.3　轧制过程建立（建成）

轧件被咬入后，在 T_x 的作用下继续向出口方向前进，逐渐填满变形区，此时称轧制过程建立。此时，N 和 T 的合力作用点已不在咬入时的那一点了，而是向出口方向移动，位于整个咬入弧的中心，剩余摩擦力达到最大值。继续轧制的条件依然是 $T_x>N_x$ 可以表示为：

$$T\cdot\cos\alpha/2\geqslant N\cdot\sin\alpha/2 \tag{3-18}$$

则

$$T/N=\tan\alpha/2$$

所以

$$\beta\geqslant\alpha/2\quad 或\quad \alpha_{max}=2\beta \tag{3-19}$$

通过式（3-19）可以看到，随着轧件逐渐咬入辊缝，咬入条件向有利的一面转化，即开始咬入时的需要的摩擦条件最高。咬入条件逐渐向有利的一面转化的原因是：T_x-N_x 的差值越来越大的结果，这个差值被称为“剩余摩擦力”，剩余摩擦力越大，咬入越容易。

3.3.2　最大压下量的计算与改善咬入的措施

3.3.2.1　最大压下量的计算

一块坯料经若干道次的轧制成为产品，每一道次的变形量通常用压下量表示，每一道次压下量的大小直接影响生产效率。提高压下量意味着用更少的轧制道次完成轧制全过程。

根据公式 $\Delta h=D(1-\cos\alpha)$ 可知，当轧辊直径一定时，压下量的大小受咬入角 α 的限制，而咬入角 α 又受摩擦角 β 的限制，在一定的摩擦环境中，有一个最大咬入角和一个最大压下量。

计算最大压下量可以用 α_{max}，也可以用 f。

（1）按最大咬入角计算：

$$\Delta h_{max}=D(1-\cos\alpha_{max}) \tag{3-20}$$

（2）按摩擦系数计算：

$$\Delta h_{max}=D\left(1-\frac{1}{\sqrt{1+f^2}}\right) \tag{3-21}$$

理论上咬入时 $\alpha_{max}=\beta$，轧制建立时 $\alpha_{max}=2\beta$。实际中在轧制建立时，α_{max} 并不等于 2β，而是有一些偏差的，一般冷轧时 $\alpha_{max}=(2\sim2.4)\beta$，热轧时 $\alpha_{max}=(1.5\sim1.7)\beta$。常取 1.5β。

3.3.2.2 改善咬入的措施

根据式（3-11）分析可得：

（1）当轧辊直径一定时，咬入角增加则压下量增加。

（2）当咬入角一定时，压下量随轧辊直径的增加而增加。

（3）当压下量一定时，咬入角随轧辊直径的增加而下降。

改善咬入的措施是基于上述分析得到的，其出发点是：减小咬入角，提高摩擦系数。

3.3.2.3 剩余摩擦力的利用

充分利用剩余摩擦力的作用，在咬入时采用小咬入角咬入，然后提高压下量。

（1）在轧制钢锭时采用小头咬入轧制。

（2）带钢压下。咬入时让 $\alpha<\beta$，容易咬入，待轧制过程建立后，带钢增加压下量，此时，虽然咬入角增加，但在剩余摩擦力的作用下，只要 α 不超过规定值，轧制过程就可以继续下去。

（3）强迫咬入。使用外力（锤击、撞击）强行将轧件送入辊隙进行轧制。外力的作用是使轧件头部被压扁，造成合力作用点前移，咬入角降低。

3.3.2.4 增加摩擦系数

通过提高接触面的摩擦系数来提高咬入角的极限，改善咬入。

（1）增加轧辊辊面的粗糙度。

（2）清除轧件表面的炉生氧化铁皮。

（3）合理调整轧制速度，但应注意轧制速度不可过低。

3.4 轧制时的前滑和后滑

3.4.1 前滑与后滑的概念

轧制时，被压下的金属一部分做纵向流动，使轧件伸长；一部分做横向流动，使轧件宽展。而轧件的伸长（延伸）是被压下的一部分金属向出口和入口两个方向流动的结果。

在变形区的出口处，轧件的前进速度 v_h 大于该点处轧辊的圆周线速度 v，这种现象称为“前滑”。

$$S_h=\frac{v_h-v}{v}\times 100\%$$

轧件在变形区入口处的前进速度 v_H 小于该点轧辊圆周线速度水平分量 $v\cdot\cos\alpha$；这种现象称为“后滑”。

$$S_H=\frac{v\cdot\cos\alpha-v_H}{v\cdot\cos\alpha}\times 100\%$$

3.4.2 前滑与后滑的关系

前滑与后滑的关系为：

$$S_H=1-\frac{\mu\cdot(1+S_h)}{v\cdot\cos\alpha}$$

当延伸系数μ和圆周线速度v已知时：

（1）轧件进出轧辊变形区的实际速度取决于前滑值S_h。

（2）求出了前滑值就可以求出后滑值。

（3）当延伸系数μ和咬入角α一定时，前滑值增加，则后滑值就必然减小。反之同样成立。

习　题

3-1　名词解释：绝对变形量，相对变形量，咬入角，前滑，后滑。

3-2　轧制的咬入条件是什么，建立稳定轧制的条件是什么？

3-3　请分析前滑与后滑的关系。

4 轧制工艺

4.1 冷轧和热轧

4.1.1 热轧

由于钢锭或钢坯在常温下很难变形，不易加工，一般情况下都需要加热到1100~1250℃进行轧制，这种轧制工艺称为热轧，如图4-1所示。大部分钢材都用热轧方法生产。

图4-1 热轧生产

热轧能消除铸造金属中的某些缺陷，如焊合气孔、细化粗大晶粒以及改变夹杂物的分布等，使金属的致密性和力学性能得到改善。原料（钢锭或钢坯）经过加热塑性提高，变形抗力降低，因此轧制时可增大变形量，有利于提高生产率。由于金属变形抗力减小，对轧制设备的要求可以相应低些，所以能降低设备造价，并使电动机能耗大大降低。但是高温轧制产生氧化铁皮，使金属表面质量不够光洁，产品的尺寸不够精确，力学性能也不如冷加工好。

4.1.2 冷轧

在常温下的轧制一般理解为冷轧，然而，从金属学观点看，热轧与冷轧的界限应以金属的再结晶温度来区分，即低于再结晶温度的轧制为冷轧，如图4-2所示；高于再结晶温度的轧制为热轧。钢的再结晶温度一般在450~600℃。

与热轧相比冷轧产品表面质量好、尺寸精确、厚度均匀、力学性能好，并且能生产薄而小的轧件。由于轧制温度相对热轧较低，因此冷轧对设备能力要求较高，主要表现在轧制压力大，要求设备强度和精度高、电机功率大，能耗大。因此，一般冷轧材的生产先用热轧开坯而后进行冷轧。

图4-2　五机架连续式冷轧机组

冷轧带钢的轧制工艺特点是加工温度低，在轧制中将产生不同程度的加工硬化，强度、硬度增加，塑性、韧性下降。继续加工，需再结晶退火。冷轧中要采用工艺冷却和润滑（工艺冷润），如图4-3所示。由于冷轧过程中产生的剧烈变形热和摩擦热使轧件和轧辊温度升高，故必须采用有效的人工冷却。轧制速度越高，压下量越大，冷却问题越显得重要。冷轧采用工艺润滑的主要作用是减少金属的变形抗力，这不但有助于保证实现更大的压下，而且可使轧机能够生产厚度更小的产品。

图4-3　工艺冷润

生产中的工艺冷润是采用乳化剂把少量的轧制油与大量的水混合起来，制成乳状的冷润液（简称乳化液）。在这种情况下，水是作为冷却剂与载油剂而起作用的。与热轧不同的是冷轧中要采用大张力轧制，如图4-4所示。

张力轧制的作用首先是为了防止带钢在轧制过程中跑偏。若轧件出现不均匀延伸，则沿轧件宽向上的张力分布将会发生相应的变化，延伸较大的一侧张力减小，而延伸较小的一侧张力增大，结果便自动地起到纠偏的作用。另外张力轧制可以使所轧带材保持平直和良好的板形。由于轧件的不均匀延伸将会改变沿带材宽度方向上的张力分布，这种改变后的张力分布反过来又会促进延伸的均匀化，从而有利于保证良好的板形，不均匀延伸将使

图 4-4 张力轧制

轧件内部出现残余应力，采用张力轧制可以使其大大削减，减轻了轧制中板面出现浪皱的可能，保证冷轧的正常进行。其次张力轧制还可以降低金属变形抗力，便于轧制更薄的产品，同时适当调整冷轧机主电机负荷。由于张力的变化，会引起前滑与轧辊速度的一定程度的反向改变，所以在连轧过程中，有一定的自调稳定化作用。

4.2 热轧带钢生产工艺

热轧带钢生产工艺流程为：原料准备 → 加热 → 除鳞 → 粗轧 → 精轧 → 冷却 → 卷取 → 精整，如图 4-5 所示。

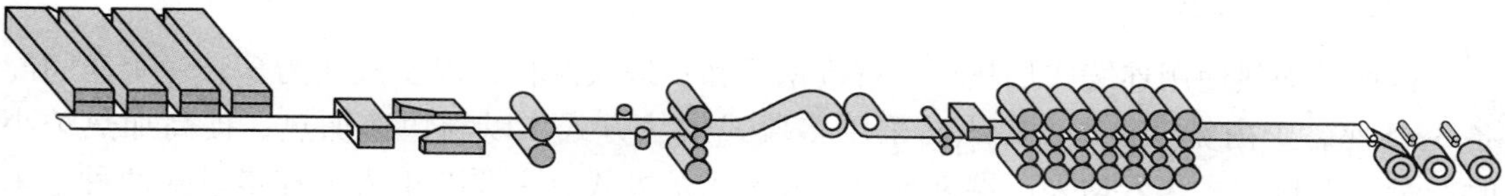

图 4-5 热轧带钢生产工艺流程示意图

传统的热轧带钢生产工艺具有以下基本特征：

(1) 原料是厚度较大的连铸板坯或初轧板坯。

(2) 连铸与轧钢分属两个相互独立的车间。

(3) 两个车间分别有板坯库用于盛放板坯。

(4) 板坯经历环节较多。

(5) 板坯加热时间较长，且能源消耗较大。

4.2.1 原料选择与加热

热连轧带钢生产使用的坯料为初轧坯和连铸坯，相比于初轧坯而言连铸坯具有较多的优点，使得连铸坯的使用量所占比重越来越大，有的生产厂连铸坯的使用量已达 100%。

热轧带钢的坯料选择内容包括坯料的厚度、宽度和长度的选择 3 个方面，如图 4-6 所示。

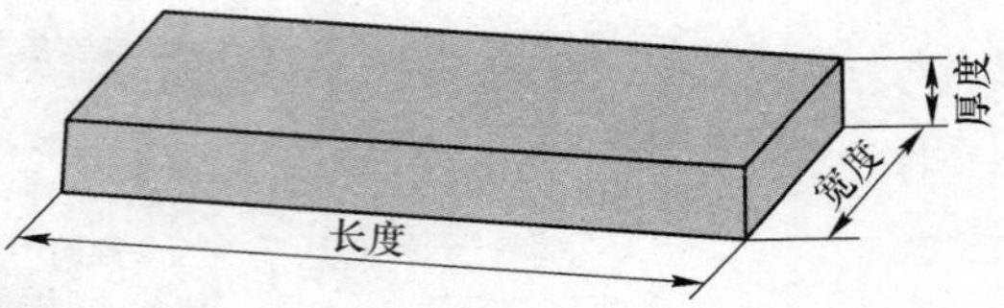

图 4-6 板坯外形尺寸示意图

4.2.1.1 带钢的坯料厚度的选择

带钢的坯料厚度的选择一般考虑两点：一是最低压缩比（坯料厚度与成品带钢厚度之比或坯料原始断面积与成品断面积之比）。压缩比大将使得坯料组织中的晶粒充分破碎，对细化晶粒、均匀组织、均匀化学成分十分有利；但坯料厚度过厚则使得轧制道次增加许多，影响生产效率。相比之下，连铸坯更适合于使用较大的压缩比。一般板坯的厚度为 150~350mm，以 200~250mm 者比较常见。二是单架轧机的压下能力。当轧机压下能力较强时，可以选择坯料厚大一些，反之则小一些。

4.2.1.2 坯料宽度和长度的选择

由于热轧带钢生产采用全纵轧方式，因此板坯的宽度比成品的宽度要大一些。当拥有板坯宽度控制设备时，应尽量减少板坯的宽度数量。

板坯的长度多在 12m 以下，具体长度的确定主要视相关辅助设备情况而定，如加热炉的宽度。

选择板坯尺寸的基本原则是板坯的尺寸规格尽可能地少。

4.2.1.3 坯料的验收和检查清理

由于带钢成品质量的好坏与原料的质量有较大的关联，因此，要做好相关的验收工作，验收的项目量及严格程度视原料的质量情况。

板坯在加热前，根据板坯的具体情况和产品的质量要求，可以进行必要的表面清理，清理的标准以相关产品质量标准为准。

4.2.1.4 加热

板坯的加热使用连续式加热炉，有推钢式和步进式两种，以步进式为多；一个车间配备 3~5 座，炉内宽度较宽，沿纵向采用多段式供热方式，以利快速加热，提高加热炉小时产量。上料方式二者均采用端进端出，板坯入炉方式有主要有推入式和步进式两种。采用推钢入炉时，步进式加热炉的推入设备重量要大大地小于推钢式加热炉的推入设备。

需要装炉的板坯，通过上料辊道的测长装置进行板坯长度测量，送至炉前辊道定位，在接到装钢信号后，自动开启装料炉门，由长行程装钢机装入炉内放置在固定梁上，并由此开始进行炉内板坯的物流跟踪，板坯通过加热炉步进梁自装料端一步步地移送到加热炉的出料端，并在此过程中完成板坯的加热，达到轧制所要求的温度。

当板坯接近出钢口时，由装在出料端的激光检测器检测到板坯边缘并在步进梁完成此时的步距运行后，PLC 同时计算出等待出炉板坯的位置。

当加热炉接到轧线要钢信号后，自动开启出料炉门，由板坯出钢机（短行程）托出热板坯放置在炉外出料辊道上，再经出料辊道输送至轧线进行轧制，如图 4-7 所示。

4.2.2 粗轧

粗轧的任务是将板坯轧成精轧机组所要求的带坯。

带坯质量要求：表面清洁，侧边整齐，宽度、厚度符合尺寸要求。

粗轧的工作内容包括除鳞、定宽、板坯轧制。

4.2.2.1 除鳞

出炉的板坯由输送辊道送至粗除鳞机，经高压水（16~20MPa）喷吹去除板坯表面的氧化铁皮。

图 4-7 板坯加热炉出钢口及板坯出钢机

形式：高压水除鳞机（带预充水），除鳞机上下集管固定，如图 4-8 所示。

图 4-8 板坯除鳞机示意图

4.2.2.2 板坯宽度调节

粗轧机组的第一架水平轧辊前，一般均设有一对大立辊轧机或侧压定宽机，可起到调节、控制板宽和清除氧化铁皮的作用，同时在水平轧机前后可以设有小侧压量的立辊轧机和高压水除鳞装置，起到齐边、小范围控制板坯宽度和去除二次氧化铁皮的作用，如图 4-9 所示。

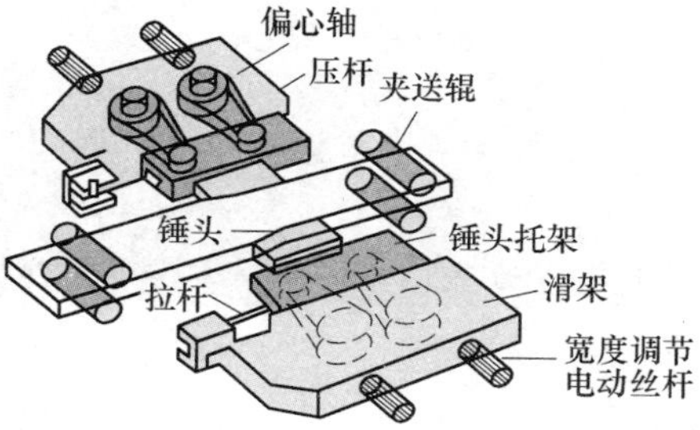

图 4-9 板坯侧压定宽机示意图

4.2.2.3 板坯轧制

粗轧机组的作用是将板坯轧制成具有一定厚度、宽度的表面清洁的带坯，供精轧机组继续轧制。按粗轧机不同的布置形式，其轧制方式有所不同，可以是可逆式轧制，也可以是不可逆式轧制；轧制道次及每道次压下量按设计好的轧制规程执行。

在粗轧机组最后一架的后面，一般设有带坯测厚仪、测宽仪、测温仪及带坯头尾形状检测系统，为计算机系统提供相关参数，作为计算机控制的依据。

4.2.2.4 中间辊道

粗轧机组与精轧机组之间的辊道称为中间辊道，其作用比较重要，它不只起到输送作用，还有处理废带坯的作用、冷却作用、保温作用和带坯测量作用等。

热卷取箱是一种替代中间辊道的中间输送装置，如图 4-10 所示。

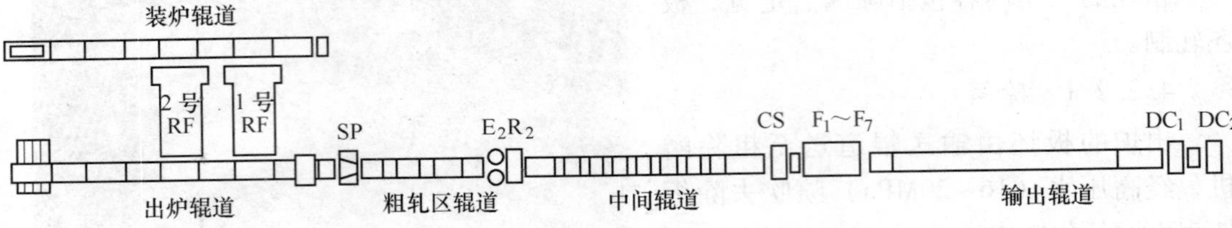

图 4-10　带坯中间辊道位置示意图

4.2.3　精轧

精轧的任务是将带坯轧成符合标准的带钢。

质量要求：厚度及精度符合标准，板形良好，表面清洁无缺陷，终轧温度符合要求。

精轧的工作内容包括切头尾、除磷、带坯轧制。

4.2.3.1　切头尾

精轧机组前的飞剪为曲柄式或滚筒式切头、切尾飞剪，用以切去带坯的头尾，避免发生卡钢事故。有的切头飞剪有两对剪刃，一对弧形的用于切头，另一对直形的用于切尾；在实际应用中，也有不切尾的，如图 4-11 所示。

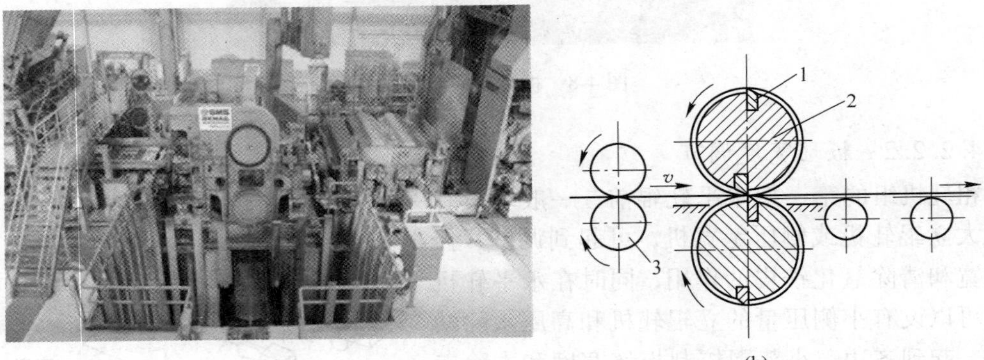

图 4-11　精轧机组入口前切头尾设备示意图

（a）双曲柄飞剪；（b）滚筒式飞剪

1—剪刃；2—滚筒；3—夹送辊

剪切带坯头部时，剪切速度要大于带坯前进速度；剪切尾部时，剪切速度要小于带坯前进速度。

4.2.3.2　除鳞（去除二次氧化铁皮）

在精轧机组入口处，也设有一台除鳞机，用设计压力约为 15MPa 的高压水对带坯表面进行喷吹，去除其上的二次氧化铁皮。同时，精轧机组前几架轧机的机架上多设有高压水喷嘴，用以吹除带钢表面生成的氧化铁皮，对提高带钢表面质量提供支撑。

4.2.3.3 轧制

热轧带钢精轧机组的轧制为多机架连续不可逆张力轧制，通过轧机压下装置、机架间活套支撑器、弯辊装置、轧辊轴向窜动装置、在线磨辊装置以及板形控制轧机等设备和各种计算机在线控制系统保证了轧制出符合标准的带钢。

在精轧机组的入口和出口处，均设有宽度、厚度、温度及头尾形状测量仪器，利用较好的测量环境，得出必要的精确数据，用于向各种控制系统提供控制依据和信号，如图 4-12 所示。

图 4-12 热轧带钢六机架精轧机组设备图

4.2.3.4 精轧机组的速度制度

热轧带钢精轧机组的轧制速度是轧辊转向固定的可调轧制速度，其速度制度主要有升速轧制和恒速轧制两种。

（1）恒速轧制。咬入、轧制和抛钢速度一样，用于低速轧制。

（2）升速轧制。机组以较低的（≤10m/s）速度完成穿带，之后升速到某一个较高的速度进行轧制，然后减速抛钢，如图 4-13 所示。

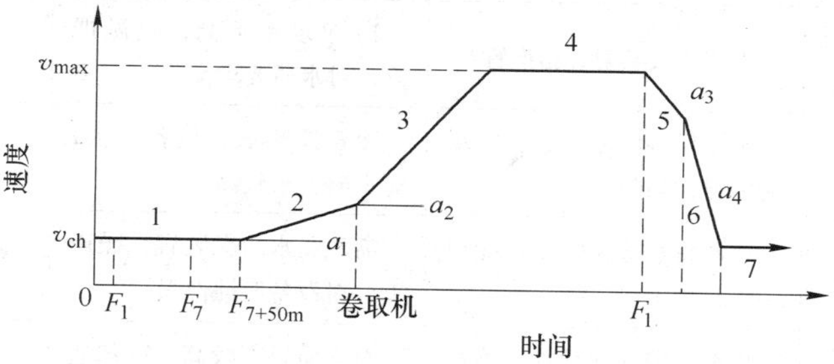

图 4-13 热轧带钢精轧机组升速轧制速度图
1—穿带速度；2—第一加速段；3—第二加速段；4—匀速轧制；5—第一减速段；
6—第二减速段；7—穿带速度

4.2.3.5 张力制度

两机架间保持微张力关系对减小轧制压力、调节板形、保证轧制过程稳定十分重要；微张力的产生靠张力调节系统进行调节，活套支撑器是其重要的部件之一。张力的设定一般不超过带钢的屈服强度 0.1 倍。

4.2.4 冷却与卷取

冷却的任务是将高温带钢冷却到卷取温度并卷取。

质量要求：内部组织符合要求，以确保性能；表面无冷却缺陷。

卷取的任务是对带钢进行卷取。

质量要求：钢卷整齐，无卷取缺陷。

带钢冷却装置位于精轧机组后的输出辊道上，卷取机位于输出辊道的末端，如图 4-14 所示。

图 4-14　热轧带钢轧后冷却位置示意图

常用的带钢冷却装置有层流冷却、水幕冷却、高压喷水冷却等多种形式。高压喷水冷却装置结构简单，但冷却不均匀、水易飞溅，已很少采用。水幕冷却装置水量大、控制简单，但冷却精度不高。层流冷却装置，设备多、控制复杂，但冷却精度高，目前广泛使用。各种板带冷却方法比较见表 4-1。

表 4-1　各种板带材冷却方法比较

冷却方式	优点	缺点	应用
压力喷射冷却	水流连续喷射，指向性好	冷却效率不高，喷溅严重，对水质要求高	一般性应用
层流冷却	水流保持层流状态，冷却能力强，均匀	冷却距离长，设备庞大，对水质要求较高	应用范围较广
气雾冷却	用气将水雾化，冷却能力很强，均匀	需气、水两套装置，噪声大，对设备腐蚀性强	应用于连铸
喷淋冷却	以液滴群形式冷却，冷却能力较强，均匀	对水质要求较高，冷却速度调节范围较小	现已较少应用
水-气喷雾法冷却	可对板材边部进行冷却补偿	冷却不均	应用于超厚板材
直接淬火	冷却能力大	冷却不均	应用于高强度板材

当使用层流冷却系统时，可依据带钢的钢种、规格、温度、速度等工艺参数的变化，对冷却的物理模型进行预设定，并对适应模型更新，从而控制冷却集管的开闭，调节冷却水量，实现带钢冷却温度的精确控制。

通常层流冷却装置分为主冷却段和精调段。典型的冷却方式有前段冷却、后段冷却、均匀冷却和两段冷却，如图 4-15 所示。

4.2.5　精整

精整的任务是根据不同的交货状态和用途，对带钢做不同的处理。

质量要求：交货状态符合标准要求。

精整的工作内容包括平整、纵切、横切、分卷、重卷等。

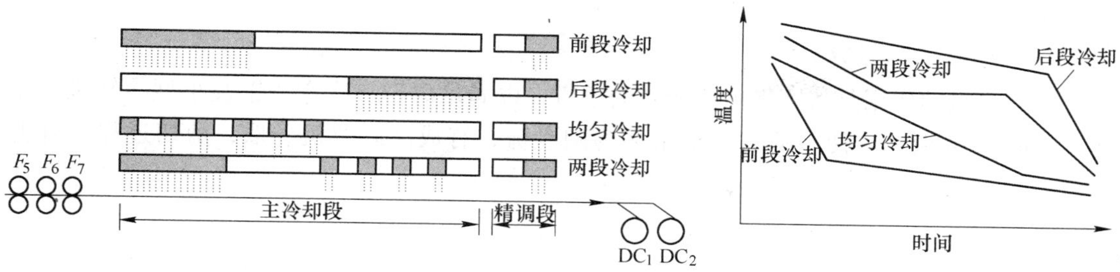

图 4-15 层流冷却典型冷却方式和冷却曲线示意图

需要指出的是，热轧带钢的精整工序为离线作业。

4.2.5.1 平整机组

平整机组的作用是使用3%~5%的压下率对带钢进行轧制，改善板形和消除局部厚度偏差，同时对改善钢板的深冲性能有利。平整机有二辊式和四辊式，工作速度可达 10m/s。双机架平整机组设备构成如图 4-16 所示。

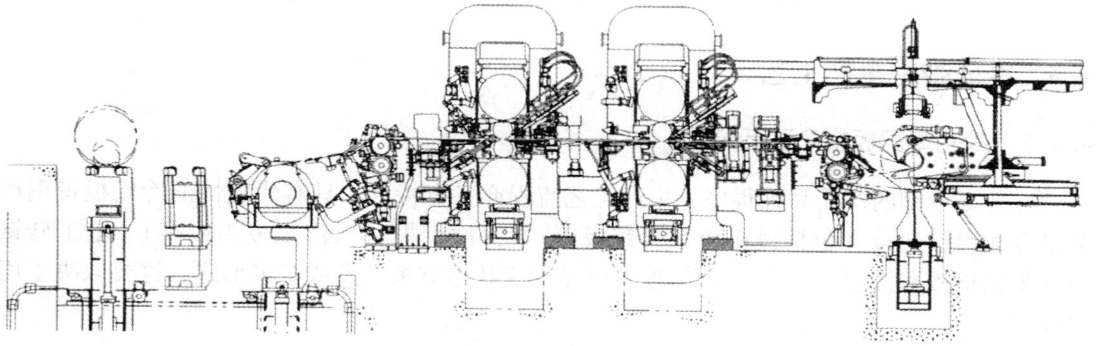

图 4-16 双机架平整机组设备构成示意图

4.2.5.2 横切机组

横切机组的作用是将带钢切成一定尺寸规格的单张钢板，如图 4-17 所示。基本工序有上料准备、拆头、开卷、直头、切头、切边、活套、切定尺、矫直、检查、标志、涂油、垛板等。一般定尺范围 2~8m，最长 12m。

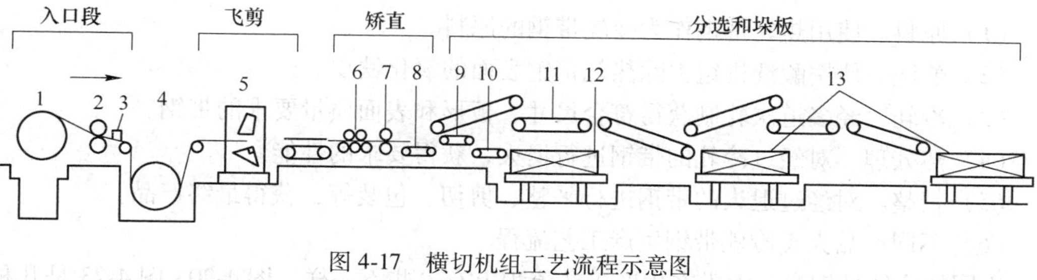

图 4-17 横切机组工艺流程示意图

1—开卷机；2—圆盘剪；3—打印机；4—活套装置；5—飞剪；6—矫直机；7—涂油机；8—分选皮带；9—落下皮带；10—叠瓦皮带；11—堆垛皮带；12—次品堆垛台；13—优质板堆垛台

使用的设备有圆盘剪、摆式飞剪、滚筒式飞剪。

4.2.5.3　纵剪机组

纵剪机组的作用是将宽带剪成所要的窄带，以满足焊管、冷弯型钢及小型冷轧机的需要，如图4-18所示。使用的剪切机组多为圆盘剪，有成品卷取机卷取，剪切过程中有剪切张力的存在。

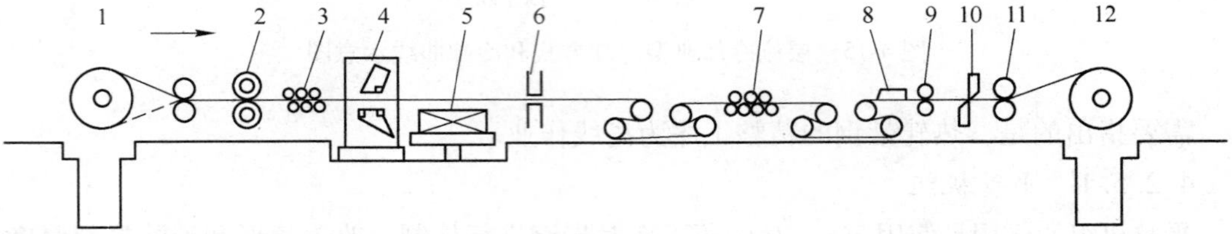

图4-18　纵剪机组工艺流程示意图

1—开卷机；2—圆盘剪；3—去毛刺机；4—飞剪；5—垛板台；6—焊机；7—拉弯矫直机；8—打印机；9—涂油机；10—横切剪；11—转向夹送辊；12—卷取机

4.3　冷轧带钢生产工艺

4.3.1　冷轧薄钢板生产工艺流程

冷轧板带钢的产品品种很多，生产工艺流程亦各有特点。具有代表性的冷轧板带钢产品是金属镀层薄板（包括镀锡板、镀锌板等）、深冲钢板（以汽车板为最多）、电工硅钢板，不锈钢板和涂层（或复合）钢板。成品供应状态有板、卷或窄带形式，这要取决于用户要求。

典型的冷轧带钢生产工艺流程如图4-19所示。

图4-19　典型的冷轧带钢生产工艺流程方框图

（1）原料。使用热轧带钢作为冷轧带钢的原料。

（2）酸洗。使用酸洗机组去除热轧带钢表面的氧化铁皮。

（3）冷轧。经多道次轧制获得符合尺寸、板形和表面质量要求的带钢。

（4）热处理。对经过冷轧的带钢进行退火，获得要求的性能。

（5）精整。对经过退火的带钢进行平整、剪切、包装等，获得最终产品。

（6）不同产品大类冷轧带钢生产工艺流程。

不同的冷轧带钢产品大类在生产工艺流程上有一些不一样，图4-20~图4-23是几种冷轧带钢产品大类的生产工艺流程方框图，通过方框图可以比对出不同产品大类的工艺特点。

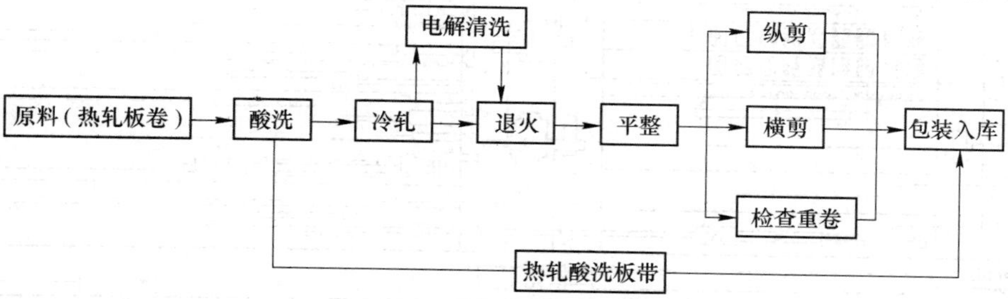

图 4-20 深冲板及热轧酸洗带卷生产工艺流程方框图

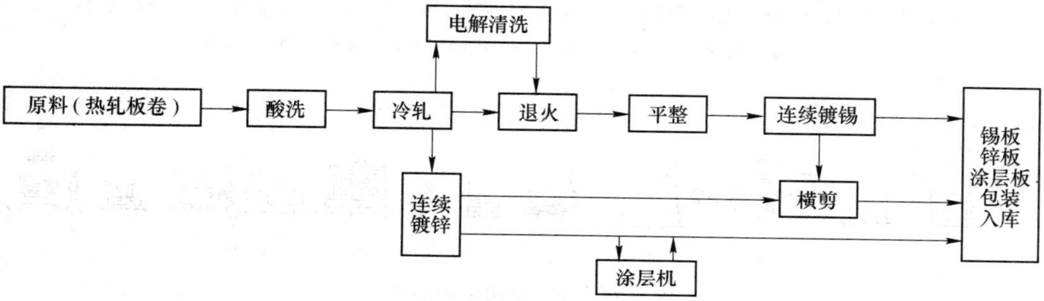

图 4-21 涂镀层板生产工艺流程方框图

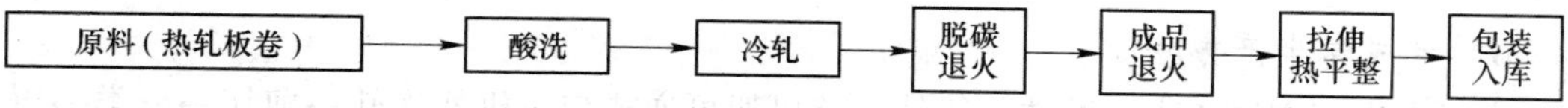

图 4-22 冷轧电工硅钢板生产工艺流程方框图

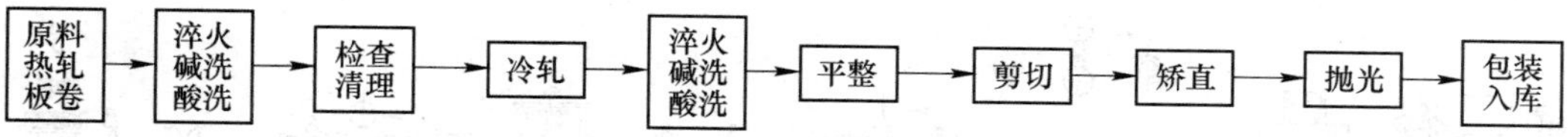

图 4-23 冷轧不锈钢板生产工艺流程方框图

4.3.2 冷轧带钢生产工艺的发展

4.3.2.1 冷轧带钢车间工艺平面布置

冷轧不锈钢板生产工艺流程如图 4-24 所示。

4.3.2.2 冷轧钢板生产工艺的发展

A 单张生产法

单张生产法流程：单张酸洗→待轧→四辊冷轧→剪切→分类→罩式电炉退火→平整→包装→入库，如图 4-25 所示。

基本特点：钢板以单张形式生产，单机架不可逆式轧制，罩式炉热处理，劳动强度大。

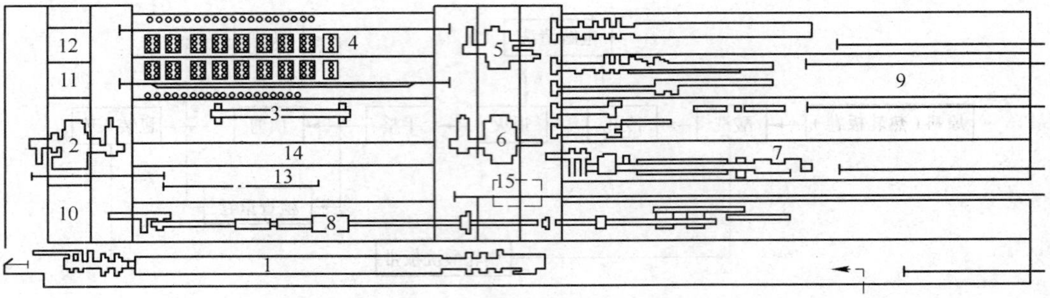

图 4-24　冷轧不锈钢板生产工艺流程方框图

1—连续酸洗机组；2—五机架冷连轧机；3—电解清洗机组；4—退火工段；5—单机式平整机；6—双机平整机；7—连续电镀锡机组；8—连续镀锌机组；9—剪切跨；10—油站；11—计算机房；12—轧钢主电室；13—轧辊工段；14—机修、电修、液修；15—检验室

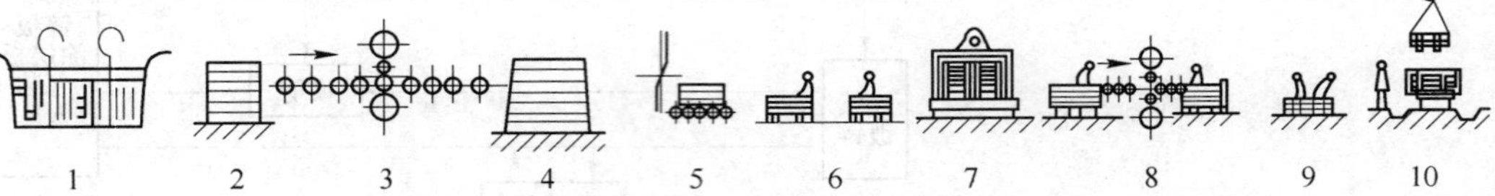

图 4-25　冷轧单张生产流程图

1—单张原板酸洗槽；2—洗后待轧板料；3—四辊冷轧机；4—轧制状态钢板；5—剪切；6—分类；7—罩式电炉退火；8—平整；9—包装；10—入库

B　半成卷生产方法

半成卷生产方法流程：酸洗→待轧→单机架可逆式或三机架连轧→剪切→分类→罩式电炉退火→平整→包装→入库，如图 4-26 所示。

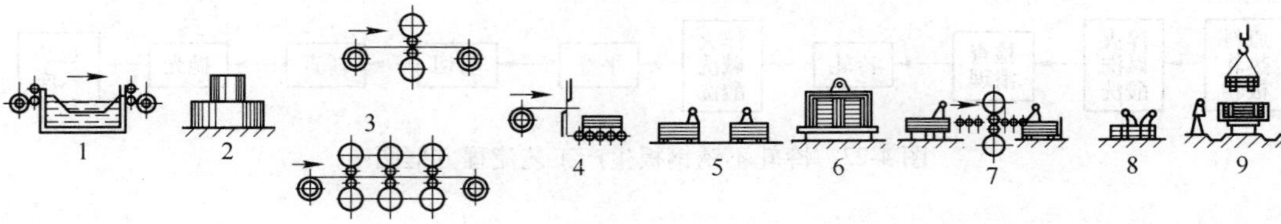

图 4-26　半成卷生产流程图

1—酸洗；2—洗后待轧板卷；3—单机可逆式或三机架连轧；4—剪切；5—分类；6—电炉退火；7—平整；8—包装；9—入库

基本特点：酸洗与冷轧均是以成卷的形式生产，单机架可逆式轧制或多机架连轧，自热处理工序起，与单张生产法类似。

C　成卷生产法

成卷生产法流程：酸洗→待轧→连轧或单机架可逆式冷轧→罩式煤气退火或连续式退火→平整→横切分类或成卷包装→包装→入库，如图 4-27 所示。

基本特点：浅槽酸洗，多机架冷轧或单机架可逆式轧制，热处理分罩式和连续式，可单张包装，也可成卷包装。

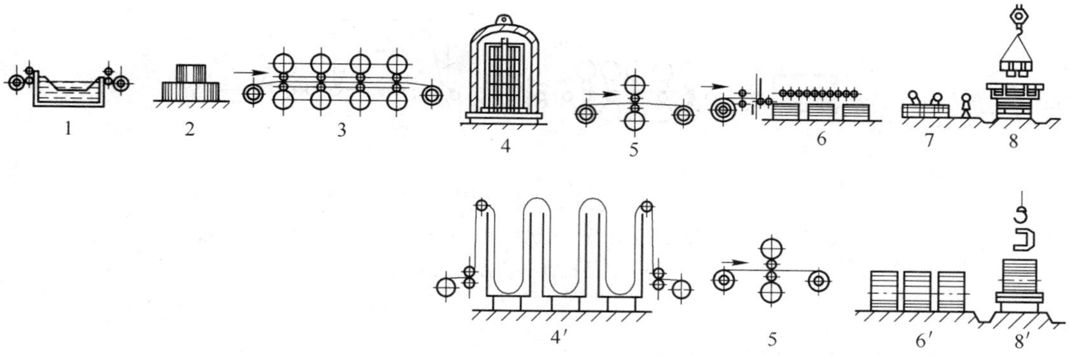

图 4-27 成卷生产流程图

1—酸洗；2—酸洗板卷；3—单机可逆式或连轧机；4—罩式煤气退火；4′—连续退火炉；
5—平整机；6—横切分类；6′—成卷包装；7—包装；8—单张入库；8′—成卷入库

D 现代冷轧生产方法

现代冷轧生产流程：酸洗→待轧→双卷双拆冷连轧机→罩式退火或连续式退火→平整→横切分类或成卷包装→包装→入库，如图 4-28 所示。

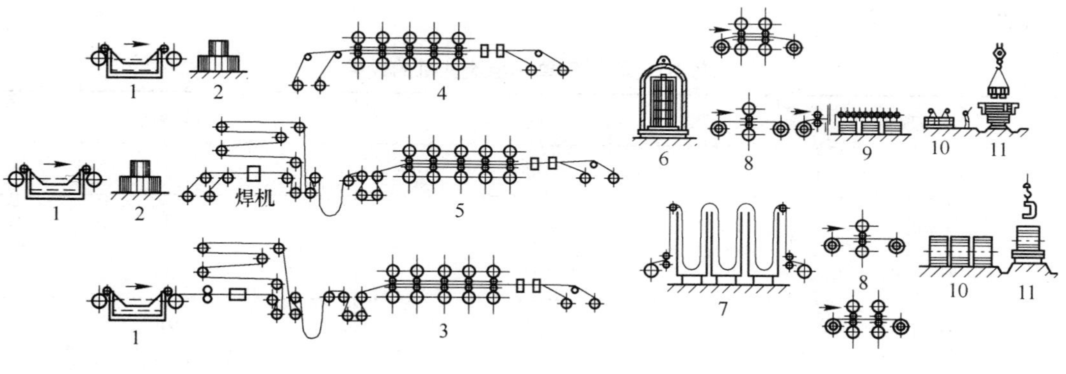

图 4-28 现代冷轧带钢生产流程图

1—酸洗；2—酸洗板卷；3—酸洗轧制联合机组；4—双卷双拆冷连轧机；5—全连续冷轧机；
6—罩式退火炉；7—连续退火炉；8—平整机；9—自动分选横切机组；10—包装；11—入库

基本特点：图 4-28 所示的生产方法是 20 世纪 60 年代出现的一种生产方法。它在冷轧机上装有两台拆卷机、两台轧后张力卷取机和自动穿带装置，采用了快速换辊、液压压下、弯辊装置、计算机自动控制等新技术，并采用了酸洗轧制联合机组。

E 完全连续式冷轧生产方法

完全连续式冷轧流程：酸洗机组→冷连轧机→清洗机组→连续式退火炉→平整机→表面检查横切分卷机组→入库，如图 4-29 所示。

基本特点：从酸洗、轧制、热处理、平整实现了全连续。

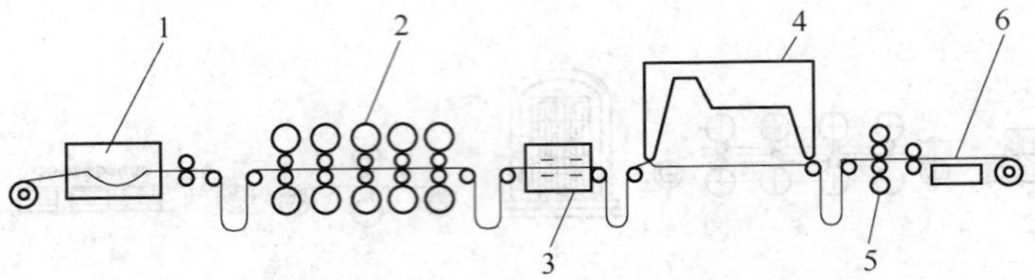

图 4-29 完全连续式冷轧带钢生产流程图
1—酸洗机组；2—冷连轧机；3—清洗机组；4—连续退火炉；5—平整机；
6—表面检查横切分卷机组

4.3.3 关于全连续轧机的三个分类

目前关于全连续轧机的名称有各种说法，为便于统一，按冷轧带钢生产工序及联合的特点，将全连续轧机分成三类。

4.3.3.1 单一全连续轧机

这类轧机是在常规的冷连轧机的前面，设置焊接机、活套等机电设备，使冷轧带钢不间断地轧制，这种单一轧制工序的连续化称为单一全连续轧制。世界上最早实现这种生产的厂家是日本钢管福山钢厂，于 1971 年 6 月投产。目前属于单一全连续轧制的生产线世界上共有 20 套。某钢厂的四机架冷连轧，改造成单一全连轧机，1988 年投产，显示出的突出效果见表 4-2。

表 4-2 某钢厂单一全连轧机的效果

项目	改造前	改造后
带钢不合格长度 /m	30	2
操作人员/人 · 班$^{-1}$	6	3
小时产量/ t · h^{-1}	215	235
操作利用系数/%	84	91
月产量/×10^{4}t · 月$^{-1}$	12	13.4

4.3.3.2 联合式全连续轧机

将单一全连续轧机再与其他生产工序的机组联合，称为联合式全连轧机。若单一全连续轧机与后面的连续退火机组联合，即为退火联合式全连轧机；全连续轧机与前面的酸洗机组联合，即为酸洗联合式全连轧机。联合式全连续轧机最早是 1982 年在新日铁广畑厂投产的。目前世界上酸洗联合式全连轧机较多，发展较快，是全连轧的一个发展方向。

4.3.3.3 全联合式全连续轧机

这是最新的冷轧生产工艺流程。单一全连续轧机与前面酸洗机组和后面连续退火机组（包括清洗、退火、冷却、平整、检查工序）全部联合起来，即为全联合式全连续轧机，如图 4-29 所示。全世界最早的是新日铁广畑厂于 1986 年新建投产，第二条线是美日于

1989 年合建的。全联合式全连续轧机是冷轧带钢生产划时代的技术进步，它标志着冷轧板带设计、研究、生产、控制及计算机技术已进入一个新的时代。为了使整个机组能够同步顺利生产，采用了先进的自动控制系统，投产后均一直正常生产，板厚精度控制在±1%以内。过去冷轧板带从投料到产出成品需 12 天，而采用全联合式全连续轧机只要 20min。

习　题

4-1　什么是冷轧，什么是热轧？

4-2　冷轧、热轧产品的特点是什么？

4-3　什么是连续式轧制？试从工艺控制角度分析其参数控制特点。

第 2 篇　钢的组织性能与控制理论

5　纯金属的结晶

在某一温度下，金属由液态转变为固体晶体的转变过程，称为金属的结晶。

5.1　金属的结晶过程

5.1.1　纯金属的冷却曲线及过冷度

金属的结晶过程可以通过热分析实验法进行研究。

5.1.1.1　热分析实验

如图 5-1 所示，将金属置于坩埚在电炉中进行熔化，用热电偶和测温仪表测温度变化。理论上金属冷却时的结晶温度（凝固点）T_0 称为理论结晶温度或理论熔点。经测试获得金属实际结晶温度 T_n，则将实际结晶温度 T_n 低于理论结晶温度的现象，称为过冷现象，而 T_0-T_n 的温度差称为过冷度。

5.1.1.2　冷却曲线

表明金属冷却时温度随时间变化的关系曲线称为冷却曲线，如图 5-2 所示。

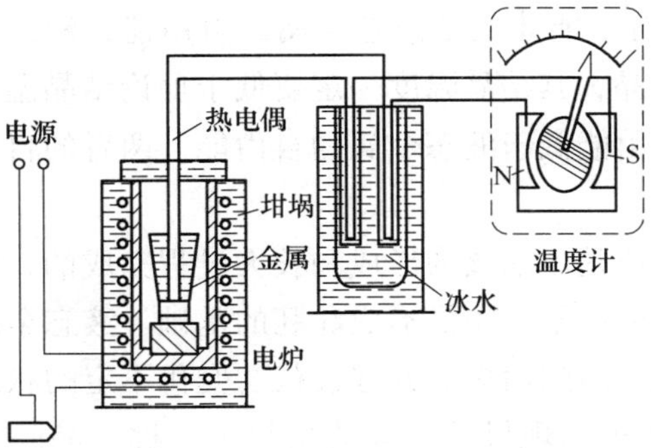

图 5-1　热分析实验装置示意图

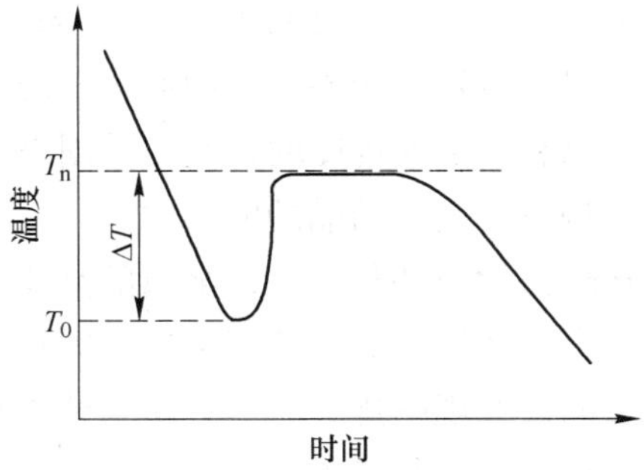

图 5-2　纯金属的冷却曲线

5. 1. 2　结晶的一般过程

一般纯金属是由许多晶核长成的外形不规则的晶粒和晶界所组成的多晶体，如图 5-3 所示。

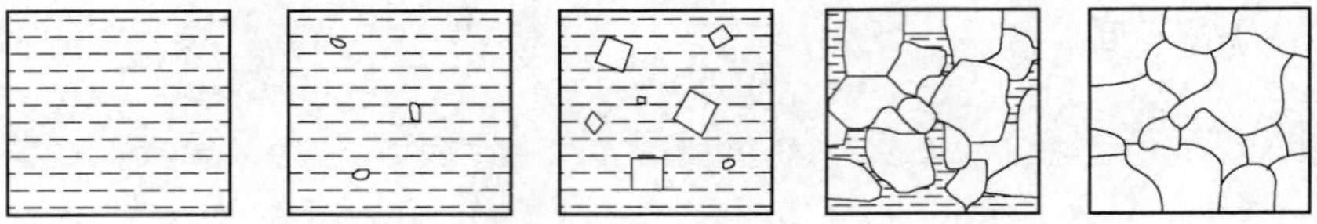

图 5-3　金属的结晶过程

当液态金属过冷至理论结晶温度以下的实际结晶温度时，晶核并未立即产生，而需要经过一定时间以后才开始出现第一批晶核；结晶开始前的这段停留时间称为孕育期。随着时间的推移，已形成的晶核不断长大，与此同时，液态金属中又产生第二批晶核；依此类推，原有的晶核不断长大，同时又不断产生新的第三批、第四批……晶核，就这样液态金属中不断形核，形成的晶核不断长大，使液态金属越来越少。

5. 2　金属结晶的条件

为什么液态金属在理论结晶温度还不能开始结晶，而必须在一定的过冷条件下才能进行？这是由热力学条件决定的。热力学第二定律指出，在等温等压条件下，物质系统总是自发地从自由能较高的状态向自由能较低的状态转变。对于结晶过程而言，结晶能否发生，就要看液态金属和固态金属的自由能孰高孰低。图 5-4 是液态、固态纯金属自由能随温度变化的示意图。

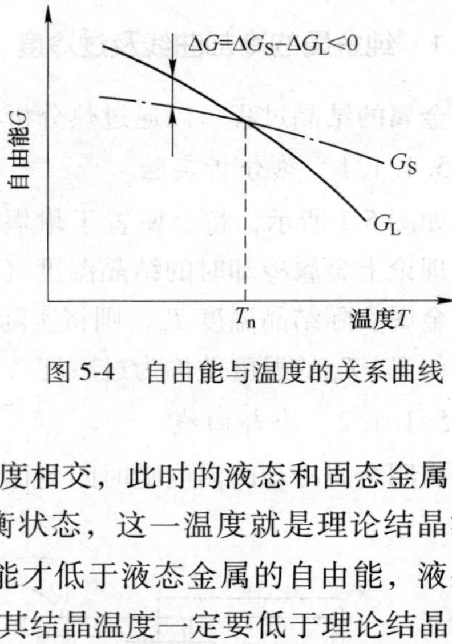

图 5-4　自由能与温度的关系曲线

两条曲线的斜率不同必然导致两条曲线在某一温度相交，此时的液态和固态金属的自由能相等，这意味着此时两者共存，处于热力学平衡状态，这一温度就是理论结晶温度 T_n。可见，只有当温度低于 T_n 时，固态金属的自由能才低于液态金属的自由能，液态金属可以自发地转变为固态。因此，液态金属要结晶，其结晶温度一定要低于理论结晶温度 T_n，即要有一定的过冷度，此时的固态金属的自由能低于液态金属的自由能，两者的自由能之差构成了金属结晶的驱动力。

在热力学条件基础上，金属的晶体结构的形成是由晶核的形成和长大过程完成的，而晶核是由晶胚生成的。液态金属中短程规则排列的原子集团是形成晶胚的基础。液态金属中存在的短程规则排列原子集团是处于瞬间出现、瞬间消失、此起彼伏、变化不定的状态之中，称为结构起伏或相起伏。只有在过冷液体中出现尺寸较大的相起伏（称为晶胚），才有可能在结晶时转变为晶核。因此，液态金属中的这种此起彼伏，瞬时形成，又瞬时消失的短程规则排列原子集团，是液态金属结晶的形核基础。

5.3　晶核的形成及长大

显然金属的结晶过程由两个基本过程组成，即生成微小的晶体核心（简称生核）和晶核进行长大（简称为核长大）。

5.3.1　形核

首先形核是在液体中某些部位的原子集团先后按晶格类型排成微小的晶核。形核的形式有两种，其中在一定过冷条件下，仅依靠金属本身原子有规则排列而形核为自发形核。而以液体中未熔的某些外来的微粒表面而形成晶核的方式为非自发形核，如夹杂等。

5.3.2　晶核长大

稳定晶核出现之后，马上就进入了长大阶段。晶体的长大从宏观上来看，是晶体的界面向液相逐步推移的过程；从微观上看，则是依靠原子逐个由液相中扩散到晶体表面上，并按晶体点阵规律的要求，逐个占据适当的位置而与晶体稳定牢靠地结合起来的过程。

晶核的长大如树枝生长的方式进行长大，这是由于晶核在各个位向上的散热速度不同而导致的。而位相差的存在使得金属内部产生了晶界以及由晶界分隔开的不同取向的晶粒。因此，将组成金属的外形不规则的多边形晶体称为晶粒。晶粒间相互接触的界面，称为晶界。金属的枝晶如图5-5所示。

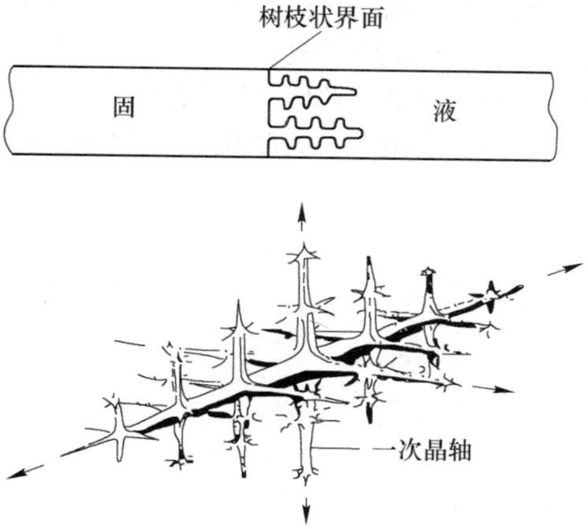

图5-5　金属的枝晶

5.4　晶粒大小的控制及影响

5.4.1　晶粒度

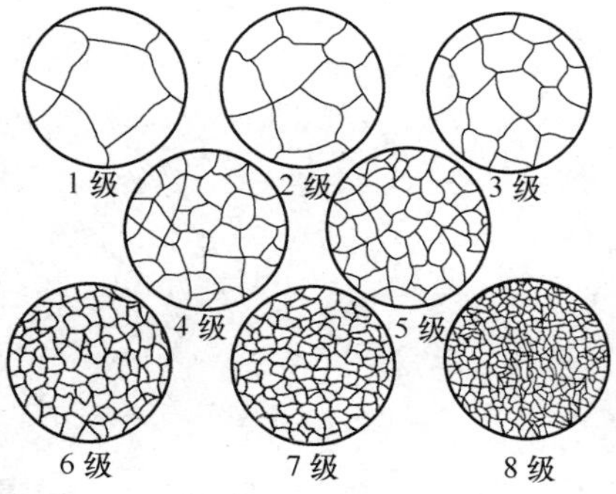

图5-6　晶粒度

表示晶粒大小的尺度称为晶粒度，晶粒度可用晶粒的平均面积或平均直径表示。工业生产上采用晶粒度等级来表示晶粒大小。标准晶粒度共分8级，1~4级为粗晶粒，5~8级为细晶粒，如图5-6所示。通过100倍显微镜下的晶粒大小与标准图对照来评级。

晶粒大小对金属的力学性能有很大影响。在常温下，金属的晶粒越细小，强度和硬度则越高，同时塑性韧性也越好，称为细晶强化。除了钢铁外，其他大多数金属不能通过热处理改变其晶粒度大小，因此，通过控制铸造和焊接时的结晶条件来控制晶粒度的大小，便成为改善力学性能的重要手段。

5.4.2　晶粒的大小对金属力学性能的影响

金属的晶粒大小对金属的力学性能有重要的影响，一般来说，晶粒越细小，强度、硬度高，塑性好。为了提高金属的力学性能，必须控制金属结晶后的晶粒大小，常用的方法有：

（1）增加过冷度。一般而言，过冷度越大，晶粒越细小。

（2）变质处理（孕育处理）。在液态金属中加入一定的变质剂（或称为孕育剂），促进非自发形核，从而细化晶粒的方法。

（3）其他细化晶粒的方法诸如机械振动、电磁搅拌等。

习　题

5-1　液态金属结晶时，为什么必须过冷，液态金属结晶的条件是什么？

5-2　简述纯金属的结晶过程。

5-3　晶粒度大小的影响因素是什么？

5-4　生产中，细化晶粒的常用方法有哪些，细化晶粒与金属性能的关系是什么？

6 铁碳合金

6.1 铁碳合金的组元和基本相

铁碳合金的组元是纯铁和渗碳体。

6.1.1 纯铁

纯铁由液态结晶为固态后，继续冷却到1394℃及912℃时，先后发生两次晶格类型的转变。金属在固态下发生的晶格类型的转变称为同素异晶转变，如图6-1所示。

$$\underset{(体心立方)}{\delta\text{-Fe}} \overset{1394℃}{\rightleftharpoons} \underset{(面心立方)}{\gamma\text{-Fe}} \overset{912℃}{\rightleftharpoons} \underset{(体心立方)}{\alpha\text{-Fe}}$$

温度低于912℃的铁为体心立方晶格，称为α-Fe；温度在912~1394℃间的铁为面心立方晶格，称为γ-Fe；温度在1394~1538℃间的铁为体心立方晶格，称为δ-Fe，如图6-2所示。

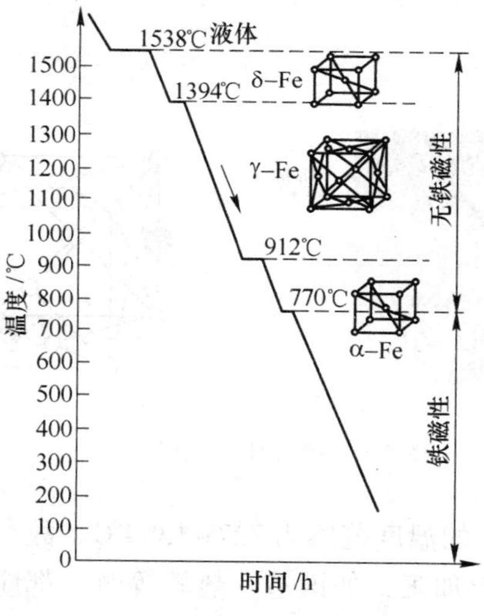

图6-1 纯铁的同素异构转变

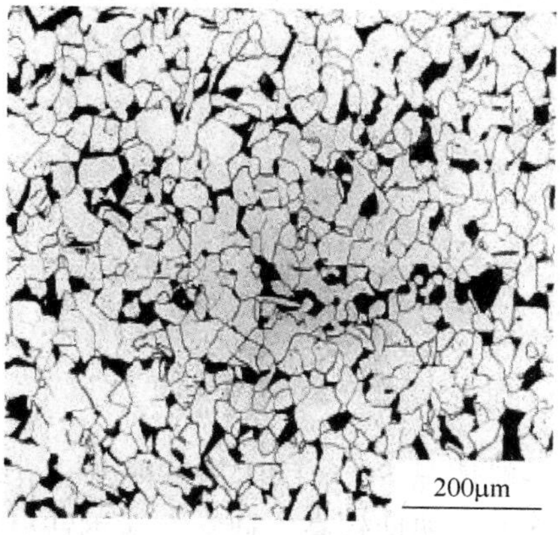

图6-2 δ铁素体的金相组织

6.1.2 铁碳合金的相及组织

6.1.2.1 铁素体

铁素体是碳在α-Fe中的间隙固溶体，用符号F（或α）表示，为体心立方晶格，如图6-3和图6-4所示。

铁素体的溶碳量很小，最大只有0.0218%（727℃时），室温时几乎为0，因此铁素体的性能与纯铁相似，强度、硬度低、塑性、韧性好，770℃以下有磁性，770℃以上无磁性。

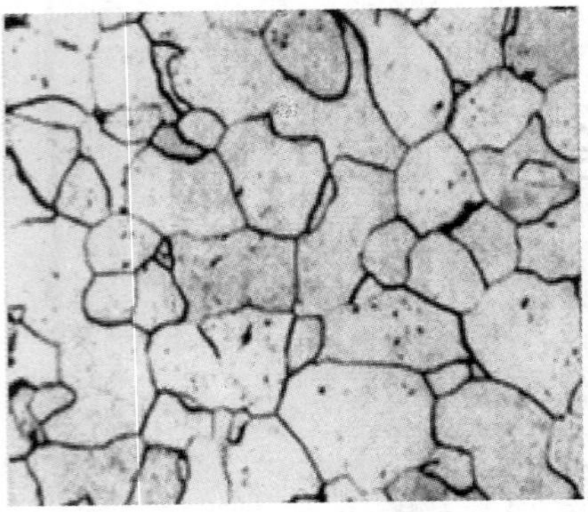

图 6-3　α 铁素体的金相组织

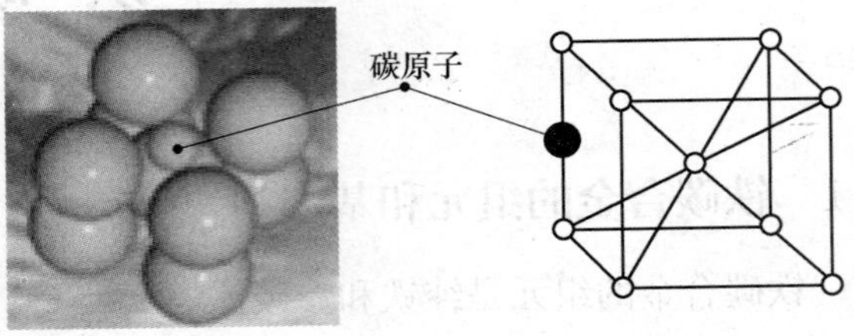

图 6-4　铁素体的晶格

铁素体的显微组织与纯铁相同，用 4%硝酸酒精溶液浸蚀后，在显微镜下呈现明亮的多边形等轴晶粒。

6.1.2.2　奥氏体

奥氏体是碳在 γ-Fe 中的间隙固溶体，用符号 A（或 γ）表示，为面心立方晶格；它的溶碳量较大，最多有 2.11%（1148℃时），727℃时为 0.77%，如图 6-5 和图 6-6 所示。

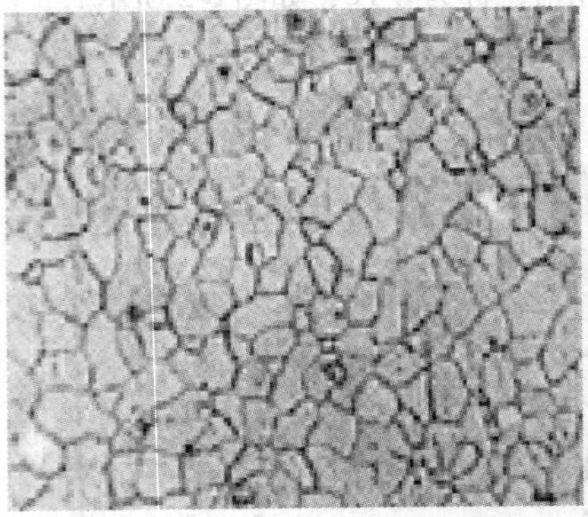

图 6-5　奥氏体的金相组织

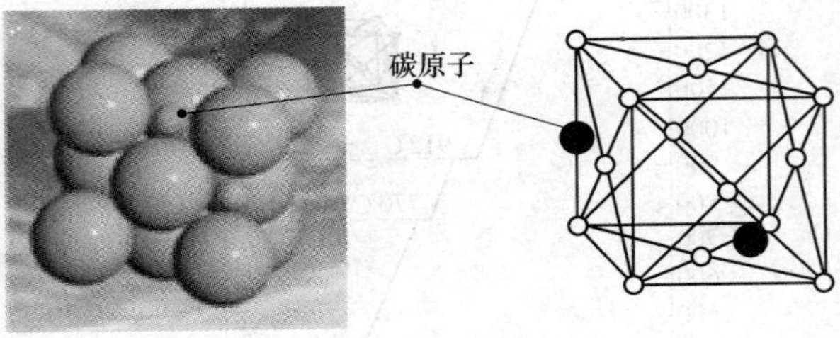

图 6-6　奥氏体的晶格

一般情况下，奥氏体是一种高温组织，稳定存在的温度范围为 727～1394℃，故奥氏体的硬度低，塑性较高，通常在对钢铁材料进行热变形加工，如锻造、热轧等时，都应将其加热成奥氏体状态，另外奥氏体还有一个重要的性能，就是它具有顺磁性。

6.1.2.3　渗碳体

渗碳体是铁和碳形成的具有复杂结构的金属化合物，用化学分子式 Fe_3C 表示，如图 6-7 和图 6-8 所示。

它的碳质量分数为 $w(C)=6.69\%$，熔点为 1227℃，硬度高（800HBW），强度极限为 30MPa，塑性、韧性几乎为零，脆性大，渗碳体耐腐蚀，稳定性强。用 4%硝酸酒精溶液浸蚀后，在显微镜下呈白色，如果用 4%苦味酸溶液浸蚀，渗碳体呈暗黑色。

渗碳体是钢中的强化相，根据生成条件不同渗碳体有条状、网状、片状、粒状等形态，它们的大小、数量、分布对铁碳合金性能有很大影响。

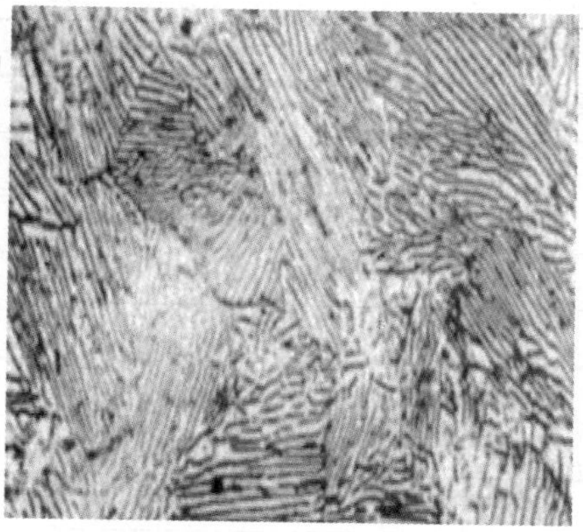

图 6-7 渗碳体的金相组织

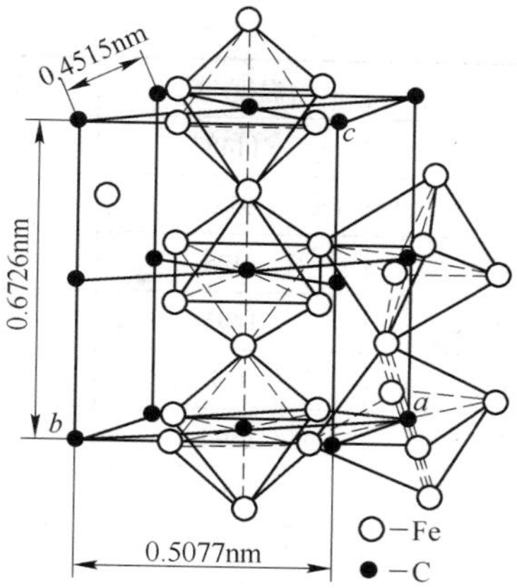

图 6-8 渗碳体的晶格

6.1.3 纯铁的性能及应用

工业纯铁的力学性能特点是强度、硬度低，塑性好，其力学性能大致如下：

拉伸强度 σ_b：$(18\times10^7)\sim(28\times10^7)\mathrm{N/m^2}$；

屈服强度 $\sigma_{0.2}$：$(10\times10^7)\sim(17\times10^7)\mathrm{N/m^2}$；

伸长率 δ：30%~50%；

断面收缩率 ψ：70%~80%

冲击值：160~200J/cm^2；

布氏硬度 HBS：50~80。

工业纯铁塑性和韧性很好，但其强度很低，很少用做结构材料，主要用于要求软磁性的场合。

6.2 铁碳相图分析

6.2.1 铁碳合金相图

合金相图是表示合金系中合金的相与成分、温度之间关系的图解，又称为状态图。如图 6-9 所示为铁碳合金相图。

6.2.2 相图中的点、线、区及其意义

相图中各特性点的温度、碳的质量分数及其含义见表 6-1。

表 6-1 相图中各特性点的温度、碳的质量分数及其含义

特性点	温度/℃	碳的质量分数 $w(C)$/%	特性点的含义
A	1538	0	纯铁的熔点
B	1495	0.53	包晶转变时液态合金的成分
C	1148	4.30	共晶点
D	1227	6.69	渗碳体的熔点
E	1148	2.11	碳在奥氏体中的最大溶解度

续表 6-1

特性点	温度/℃	碳的质量分数 w(C)/%	特性点的含义
F	1148	6.69	渗碳体成分
G	912	0	α-Fe 与 γ-Fe 同素异构转变点
H	1495	0.09	碳在 δ-Fe 中的最大溶解度
J	1495	0.17	包晶点
K	727	6.69	渗碳体成分
N	1394	0	α-Fe 与 γ-Fe 同素异构转变点
P	727	0.0218	碳在铁素体中的最大溶解度
S	727	0.77	共析点
Q	室温	0.0008	碳在 α-Fe 中的室温溶解度

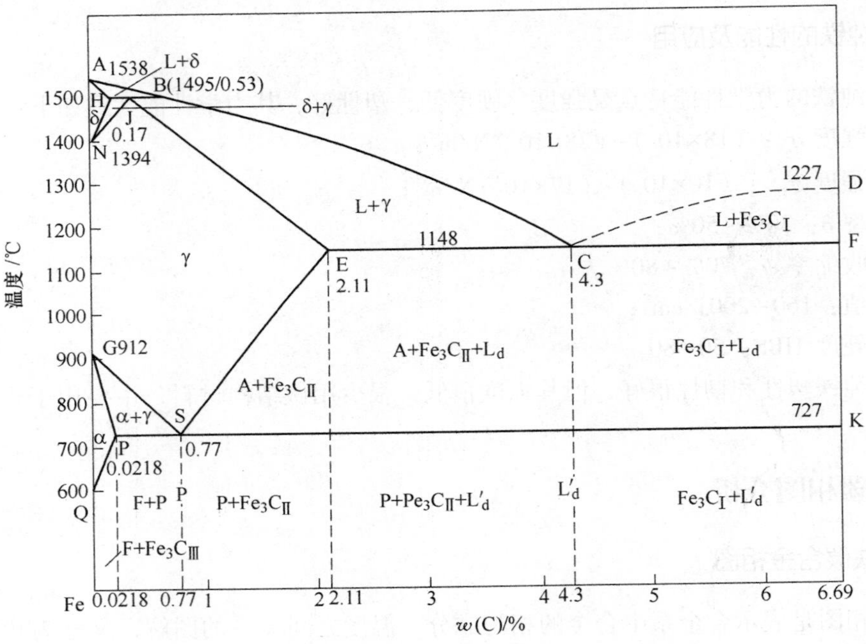

图 6-9　铁碳合金相图

6.2.2.1　Fe-Fe_3C 相图中点、线的含义

A　Fe-Fe_3C 相图中的特性点

B　铁碳合金相图中的特性线

（1）液相线：ABCD 线。

（2）固相线：AHJECF 线。

C　三种等温转变

（1）包晶转变线。1495℃的 HJB 水平线为包晶转变线，J 点为包晶转变点。

$$\delta_{0.09}+L_{0.53}\longrightarrow\gamma_{0.17}(A_{0.17})$$

凡含碳量（质量分数）在 0.09%~0.53%的铁碳合金缓慢冷却到 HJB 线上均发生包晶反应。

（2）共晶转变线。1148℃的 ECF 水平线为共晶转变线，C 点为共晶点。

$$L_{4.30} \longrightarrow (A_{2.11}+Fe_3C)\text{（称为莱氏体 }L_d\text{）}$$

凡含碳量（质量分数）超过 2.11%的铁碳合金缓慢冷却到 ECF 线上均发生共晶转变。

（3）共析转变线。727℃的 PSK 水平线为共析线，S 点为共析点。

$$A_{0.77} \longrightarrow (F_{0.0218}+Fe_3C)\text{（珠光体 P）}$$

凡含碳量（质量分数）大于 0.0218%的铁碳合金在 PSK 水平线上均发生共析转变。

D 三条特性曲线

（1）ES 线（Acm 线）。ES 线是碳在奥氏体中饱和溶解度曲线，1148℃时溶解度最大为 $w(C)=2.11\%$，727℃时 $w(C)=0.77\%$，因此，凡含碳量（质量分数）大于 0.77%的铁碳合金，从 1148℃下降到 727℃的过程中，将从奥氏体中析出渗碳体（称为二次渗碳体 Fe_3C_{II}）。

（2）PQ 线。PQ 线是碳在铁素体中的溶解度曲线，727℃时溶解度最大为 $w(C)=0.0218\%$，600℃时仅为 $w(C)=0.0057\%$，200℃，$w(C)=7\times10^{7}\%$，因此，一般铁碳合金由 727℃下降到室温时，将从铁素体中析出渗碳体（称为三次渗碳体 Fe_3C_{III}）。

Fe_3C 的害处：沿铁素体晶界析出，使工业纯铁和低碳钢的塑性下降或变脆。

（3）GS 线（A3 线）。GS 线是 $w(C)<0.77\%$的铁碳合金在加热或冷却过程中，由铁素体溶入奥氏体的终了线或由奥氏体析出铁素体的开始线。

（4）NH、JN。δ 铁素体转变为奥氏体的开始及终了线。

6.2.2.2 相图中的相区

相图中有 5 个单相区、7 个两相区、3 个三相区。

（1）单相区：L（ABCD 线以上）液相区；δ（AHNA）δ 固溶体；A（NJESGN）单相奥氏体；GPQ 以左铁素体区 F 或 α；DFKL 垂线，也可看成单相区。

（2）两相区：L+α（AHJBA）；L+A（JBCEJ）；L+Fe_3C（CDFC）；δ+A（NHJN）；A+F（GSPG）；A+Fe_3C（EFKSE）；F+Fe_3C（QPSK 线以下）。

（3）三相区：HJB 线；ECF 线；PSK 线。

6.2.3 典型铁碳合金的结晶过程

根据铁碳合金中含碳量的不同，可将铁碳合金分为工业纯铁、碳素钢、白口铸铁。

工业纯铁：$w(C)<0.0218\%$，组织为 F+少量 Fe_3C_{III}（P 点以左）。

钢：$w(C)=0.0218\%\sim2.11\%$，高温组织为单相 A，有良好塑性（P~E 点之间）。

根据室温组织，又可分为：亚共析钢 $w(C)=0.0218\%\sim0.77\%$，组织为 F+P（P~S 点之间）；共析钢 $w(C)=0.77\%$，组织为珠光体（S 点）；过共析钢 $w(C)=0.77\%\sim2.11\%$，组织为珠光体+Fe_3C_{II}（S~E 点之间）。

白口铸铁：$w(C)=2.11\%\sim6.69\%$，组织可分为：亚共晶白口铁 $w(C)=2.11\%\sim4.3\%$，组织为 P+Fe_3C_{II}+L_d（E~C 点之间）；共晶白口铁 $w(C)=4.3\%$，组织为 L_d（C 点）；过共晶白口铁 $w(C)=4.3\%\sim6.69\%$，组织为 L_d+Fe_3C_{I}（C~F 点之间）。

6.2.3.1　工业纯铁［以 $w(C)=0.02\%$ 的合金为例］

组织转变过程：

（1）1 点。从 L 中析出 A。

（2）1~2 点。液相逐渐减少，A 逐渐增多；液相的成分沿 AC 线变化，A 的成分沿 AE 线变化。

（3）2 点。结晶结束。

（4）2~3 点。只有温度的变化。

（5）3 点。同素异构转变开始，由 A 转变为 F。

（6）3~4 点。A 逐渐减少，F 逐渐增多；A 的成分沿 GS 线变化，F 的成分沿 GP 线变化。

（7）4 点。同素异构转变结束，A 全部转变成 F。

（8）4~5 点。只有温度的变化。

（9）5 点。开始从 A 中析出沿 F 晶界分布的片状三次渗碳体（$Fe_3C_{Ⅲ}$）。

工业纯铁室温组织：F+沿 F 晶界分布的片状三次渗碳体（$Fe_3C_{Ⅲ}$）。

成分：$Q_F\%=[(6.69-0.02)/6.69]\times100\%=99.67\%$

$Q_{Fe_3C_{Ⅲ}}\%=1-99.67\%=0.33\%$

6.2.3.2　钢［$w(C)=0.0218\%\sim2.11\%$］

A　共析钢［$w(C)=0.77\%$ 的铁碳合金］

（1）1 点。从 L 中析出 A。

（2）1~2 点。液相逐渐减少，A 逐渐增多；液相的成分沿 AC 线变化，A 的成分沿 AE 线变化。

（3）2 点。结晶结束。

（4）2~3 点。只有温度的变化。

（5）3 点。发生共析转变 $A_{0.77}\longrightarrow(F_{0.0218}+Fe_3C_{共析})$。

室温组织：P。

成分：$Q_F\%=[(6.69-0.77)/6.69]\times100\%=88.5\%$

$Q_{Fe_3C}\%=1-88.5\%=11.5\%$

共析钢结晶如图 6-10 所示。

B　亚共析钢 $w(C)=0.0218\%\sim0.77\%$［以 $w(C)=0.30\%$ 的合金为例］

（1）1 点。从 L 中析出 A。

（2）1~2 点。液相逐渐减少，A 逐渐增多；液相的成分沿 AC 线变化，A 的成分沿 AE 线变化。

（3）2 点。结晶结束。

（4）2~3 点。只有温度的变化。

（5）3 点。同素异构转变开始，由 A 转变为 F。

（6）3~4 点。A 逐渐减少，F 逐渐增多；A 的成分沿 GS 线变化，F 的成分沿 GP 线变化。

（7）4 点。发生共析转变 $A_{0.77}\longrightarrow(F_{0.0218}+Fe_3C_{共析})$。（$F_{0.0218}+Fe_3C_{共析}$）的混合物称

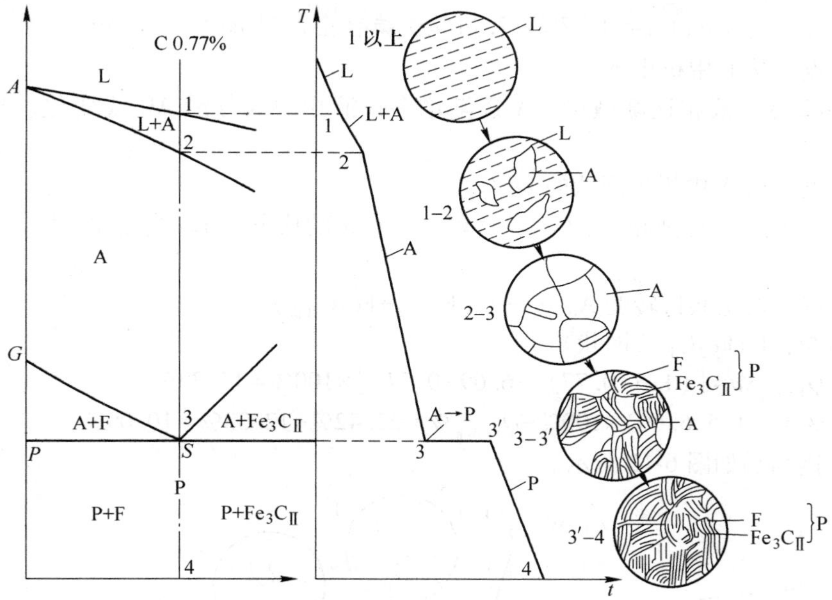

图 6-10 共析钢结晶示意图

为珠光体，用 P 表示。

（8）4 点~室温。从 F 中析出 Fe_3C_{III}，但 Fe_3C_{III} 量很少。

亚共析钢室温组织为 F+P。

成分：$Q_F\%=[(0.77-0.30)/0.77]\times100\%=61\%$

$Q_P\%=Q_P\%=1-61\%=39\%$

$Q_{Fe_3C}\%=[(0.3-0.0218)/(6.69-0.0218)]\times100\%=4.48\%$

亚共析钢结晶如图 6-11 所示。

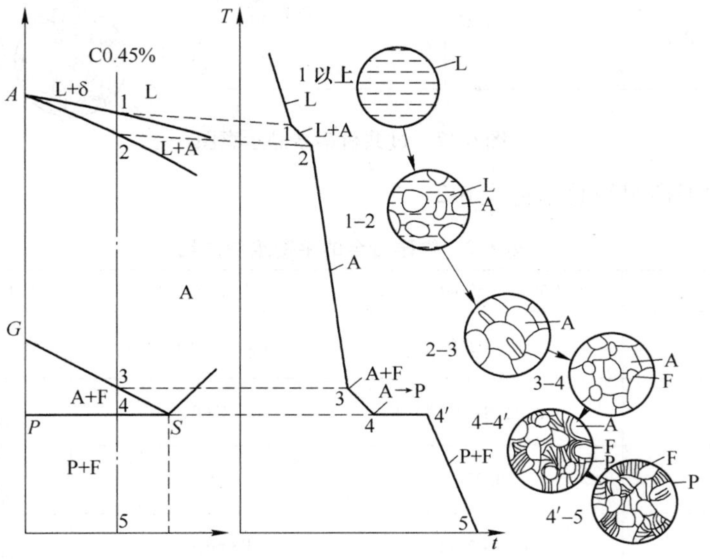

图 6-11 亚共析钢结晶示意图

C　过共析钢［$w(C)=0.77\%\sim2.11\%$铁碳合金，以$w(C)=1.5\%$为例］

（1）1 点。从 L 中析出 A。

（2）1~2 点。液相逐渐减少，A 逐渐增多；液相的成分沿 AC 线变化，A 的成分沿 AE 线变化。

（3）2 点。从 A 中析出网状的 $Fe_3C_{Ⅱ}$。

（4）2~3 点。A 逐渐减少，$Fe_3C_{Ⅱ}$逐渐增多；A 的成分沿 ES 线变化，$Fe_3C_{Ⅱ}$的成分沿 FK 线变化。

（5）3 点。发生共析转变 $A_{0.77} \longrightarrow (F_{0.0218}+Fe_3C_{共析})$。

室温组织：$P+Fe_3C_{Ⅱ}$（网状）

成分：$Q_{Fe_3C_{Ⅱ}}\%=[(1.5-0.77)/(6.69-0.77)]\times100\%=12.33\%$

$Q_{Fe_3C_{共析}}\%=(1.5/6.69)\times100\%-Q_{Fe_3C_{Ⅱ}}\%=22.42\%-12.33\%=10.09\%$

过共析钢结晶如图 6-12 所示。

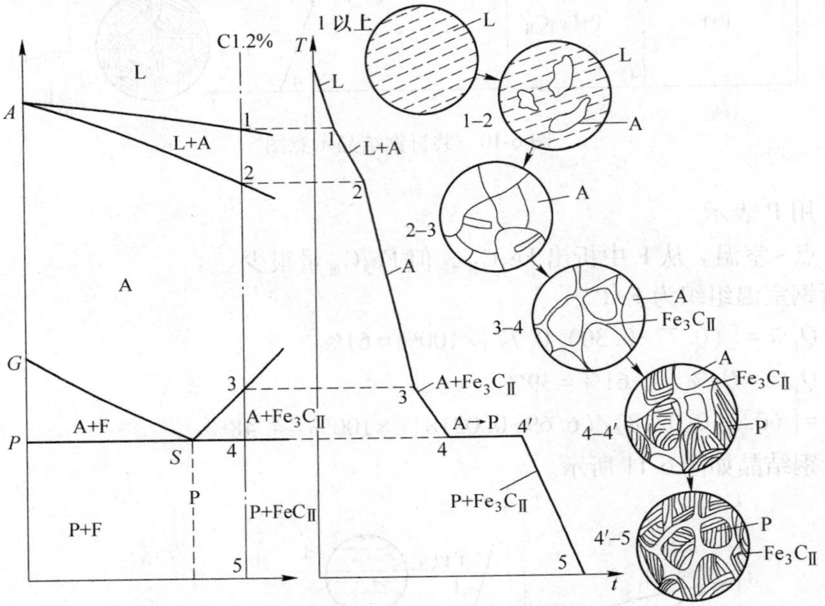

图 6-12　过共析钢结晶示意图

铁碳合金的平衡组织总结见表 6-2。

表 6-2　铁碳合金的平衡组织总结

合金名称	碳的质量分数 $w(C)/\%$	平衡组织	Fe_3C 的质量分数
工业纯铁	<0.0218	F 或 F+少量 $Fe_3C_{Ⅱ}$	$w(C)=0.02\%$ $Q_{Fe_3C_{Ⅲ}}\%=0.33\%$
亚共析钢	0.0218~0.77	F+P	$w(C)=0.30\%$ $Q_{Fe_3C}\%=4.48\%$
共析钢	0.77	P	$w(C)=0.77\%$ $Q_{Fe_3C}\%=11.5\%$
过共析钢	0.77~2.11	$P+Fe_3C_{Ⅱ}$	$w(C)=1.5\%$ $Q_{Fe_3C}\%=22.42\%$

6.2.3.3 白口铸铁 [w(C)= 2.11%~6.69%]

A 亚共晶白口铸铁 [w(C)= 2.11%~4.3%的铁碳合金，以 w(C)= 3.0%为例]

(1) 1 点。开始析出初晶 A。

(2) 1~2 点。A 逐渐增多，L 逐渐减少；A 成分沿 AE 线变化，L 成分沿 AC 线变化。

(3) 2 点。发生共晶转变 $L_{4.30} \longrightarrow (A_{2.11}+Fe_3C_{共晶})$。混合物 $(A_{2.11}+Fe_3C_{共晶})$ 称为莱氏体，用 L_d 表示。

(4) 2~3 点。从初晶 A、共晶 A 析出 Fe_3C_{II}。

(5) 3 点。发生共析转变，初晶 A 和共晶 A 都转变为珠光体。

$$A_{0.77} \longrightarrow (F_{0.0218}+Fe_3C_{共析})$$

(6) 3 点以下至室温。从 F 中析出 Fe_3C_{III}，但 Fe_3C_{III}一般看不到。

$(P+ Fe_3C_{II}+Fe_3C_{共晶})$ 称为变态莱氏体，用 L'_d 表示。

室温组织：$L'_d+P+Fe_3C_{II}$（P 为初晶 A 的共析产物）。

成分：$Q_{Fe_3C共晶}\%=[(3.0-2.11)/(6.69-2.11)]\times100\%=19.43\%$

$Q_{Fe_3C_{II}}\%=[(3.0-0.77)/(6.69-0.77)]\times100\%-Q_{Fe_3C共晶}\%=37.67\%-19.43\%=18.24\%$

$Q_{Fe_3C共析}\%=(3.0/6.69)\times100\%-37.67\%=44.84\%-37.67\%=7.17\%$

$Q_P\%=1-37.67\%=62.33\%$

B 共晶白口铸铁 [w(C)= 4.3%]

(1) 1 点（C 点）。发生共晶转变。$L_{4.30} \longrightarrow A_{2.11}+Fe_3C_{共晶}$，生成莱氏体 L_d。

(2) 1~2 点。从 A 中析出 Fe_3C_{II}，A 逐渐减少，Fe_3C_{II}逐渐增多；A 成分沿 ES 线变化，Fe_3C_{II}成分沿 FK 线变化。

(3) 2 点。发生共析转变 $A_{0.77} \longrightarrow F_{0.0218}+Fe_3C_{共析}$。

(4) 2 点以下至室温。从 F 中析出 Fe_3C_{III}，但可忽略。

室温组织：L'_d $(P+Fe_3C_{共晶}+Fe_3C_{II})$。

成分：$Q_{Fe_3C共晶}\%=[(4.3-2.11)/(6.69-2.11)]\times100\%=47.82\%$

$Q_{Fe_3C_{II}}\%=[(4.3-0.77)/(6.69-0.77)]\times100\%-Q_{Fe_3C共晶}\%=59.63\%-47.82\%=11.81\%$

$Q_{Fe_3C共析}\%=(4.3/6.69)\times100\%-59.63\%=64.28\%-59.63\%=4.65\%$

$Q_P\%=1-59.63\%=40.37\%$

$Q_F\%=[(6.69-4.3)/6.69]\times100\%=35.72\%$

C 过共晶白口铁 [以 w(C)= 5.0%的铁碳合金为例]

(1) 1 点。从 L 中析出 Fe_3C_I。

(2) 1~2 点。Fe_3C_I 逐渐增多，L 逐渐减少；L 成分沿 DC 线变化。

(3) 2 点。发生共晶转变 $L_{4.30} \longrightarrow A_{2.11}+Fe_3C_{共晶}$。

(4) 2~3 点。从 A 中析出 Fe_3C_{II}，A 逐渐减少，Fe_3C_{II} 逐渐增多；A 成分沿 ES 线变化。

(5) 3 点。发生共析转变 $A_{0.77} \longrightarrow F_{0.0218}+Fe_3C_{共析}$。

(6) 3 点至室温。从 F 中析出 Fe_3C_{III}，但可忽略。

室温组织：$L'_d+Fe_3C_I$。

成分：$Q_{Fe_3C_I}\%=[(5.0-4.3)/(6.69-4.3)]\times100\%=29.29\%$

$Q_{Fe_3C共晶}\% = [(5.0-2.11)/(6.69-2.11)]\times100\% - Q_{Fe_3C_Ⅰ}\% = 63.10\% - 29.29\% = 33.81\%$

$Q_{Fe_3C_Ⅱ}\% = [(5.0-0.77)/(6.69-0.77)]\times100\% - 63.10\% = 71.45\% - 63.10\% = 8.35\%$

$Q_{Fe_3C共析}\% = (5.0/6.69)\times100\% - 71.45\% = 74.74\% - 71.45\% = 3.29\%$

$Q_P\% = 1-71.45\% = 28.55\%$

$Q_F\% = [(6.69-5.0)/6.69]\times100\% = 25.26\%$

6.3　基本元素对铁碳合金组织与性能的影响

6.3.1　碳的影响

铁碳合金的室温组织是由铁素体和渗碳体两个相组成，其中铁素体是软韧的相，渗碳体是硬脆的相。随着含碳量的不断增加，组织中的渗碳体相的数量不断增加，同时渗碳体的存在形态也发生变化，由分布在铁素体晶界上的 $Fe_3C_Ⅲ$，逐渐改变为分布在铁素体的基体内（P），再进一步分布在原奥氏体晶界上（即 $Fe_3C_Ⅱ$）。随着铁碳合金中的碳含量进一步增加，在铸铁中形成莱氏体，渗碳体以基体出现。

通过对铁碳合金相图的分析，发现存在有 5 种渗碳体，分别为一次渗碳体（$Fe_3C_Ⅰ$）、二次渗碳体（$Fe_3C_Ⅱ$）、三次渗碳体（$Fe_3C_Ⅲ$）、共晶渗碳体（$Fe_3C_{共晶}$）、共析渗碳体（$Fe_3C_{共析}$）。

（1）一次渗碳体是直接从液相结晶出的，形态是大而长的粗大片状，可以提高过共晶白口铸铁的硬度，但降低强度和塑韧性，增加脆性。

（2）二次渗碳体是超过奥氏体中的碳的溶解度而从奥氏体中析出的，形态为沿着原奥氏体晶界呈现网状，可以降低钢的强度，增加脆性，应该消除。

（3）三次渗碳体是超过铁素体中的碳的溶解度而从铁素体中析出的，形态为沿着原铁素体晶界呈现不连续条状分布，由于含量（质量分数）很低，才 0.33%，因此，对铁碳合金性能没有什么影响。

（4）共晶渗碳体是发生共晶转变生产的渗碳体。形态为鱼骨状，可以降低铸铁的强度，增加硬度和耐磨性，有时有不利的影响，比如增加脆性，这个时候应该通过石墨化退火来消除。

（5）共析渗碳体是发生共析转变生产的渗碳体。形态为层片状，可以提高钢的强度、硬度，降低塑性韧性。

如图 6-13 和图 6-14 所示，经分析可知：碳含量对碳钢的力学性能影响是当含碳量（质量分数）小于 0.9%时，随着碳含量的增加，强度、硬度提高，塑性、韧性降低；当含碳量（质量分数）大于 0.9%时，随着碳含量的增加，硬度提高，强度、塑性、韧性降低。另外，碳含量对钢的切削加工性能的影响是低碳钢中铁素体多，塑性

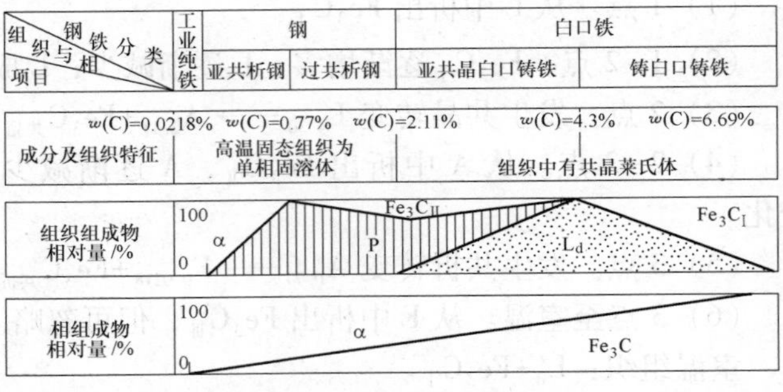

图 6-13　铁碳合金的成分–组织的对应关系

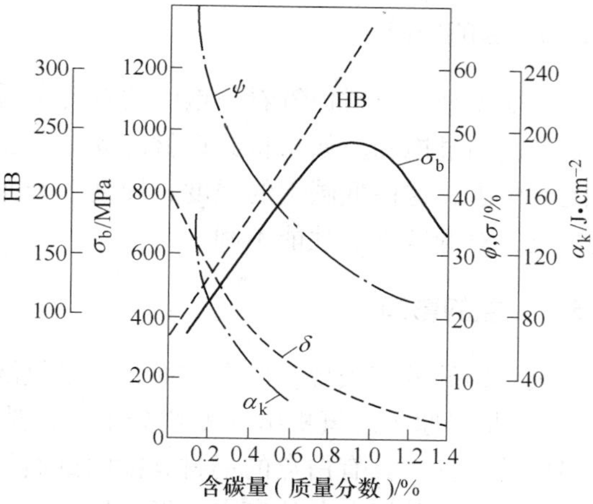

图 6-14 碳含量对钢力学性能的影响

好，切削时不易断屑，容易粘刀，表面光洁度低，切削性能不好。高碳钢中渗碳体较多，并且碳含量（质量分数）大于0.77%后，二次渗碳体呈网状分布，切削抗力大，刀具磨损严重，切削性能也不好。而中碳钢中铁素体和渗碳体的比例适当，硬度和塑性适中，切削性能较好。一般认为，钢的硬度大致为180~220HBS时，切削加工性最好。

6.3.2 硅的影响

硅来自生铁和脱氧剂，因为炼钢时常用硅脱氧。硅溶于铁素体，并对铁素体有强化作用。当硅的含量 $w(Si)<0.35\%$ 时为有益元素，有利于提高钢的强度、硬度，同时也提高钢的塑性和韧性。

6.3.3 锰的影响

一般锰元素溶于铁素体中，形成置换固溶体，强化F体。当锰溶于 Fe_3C 中时，会形成合金 Fe_3C，起到提高钢的强度的作用。另外，锰的加入有利于促进钢中珠光体的形成，并且细化珠光体，也会提高钢的强度。锰对钢的影响还体现在锰与钢中的硫化合生成MnS，可以有效地降低或消除硫的有害作用。锰的一般含量 $w(Mn)=0.25\%\sim1.2\%$ 是有益元素。在碳钢中一般小于0.8%，在含锰合金钢中一般控制在1.0%~1.2%。

6.3.4 硫的影响

硫属于有害元素，造成钢产生热脆现象，即硫与铁形成FeS，并形成FeS-Fe二元结晶体，熔点只有988℃，且分布在奥氏体晶界处，当钢进行热加工时，导致晶界面熔化，而使钢由晶界处开裂。增加锰含量，可消除硫的有害作用。因为锰和硫的亲和力比铁与硫的亲和力大，所以锰取代铁与硫形成MnS（熔点1620℃，呈粒状分布在晶粒内），且在高温下又有一定的塑性，故可避免了热脆的危害。硫也有有利的作用，如：生产易切削钢时，将硫含量（质量分数）增至0.15%~0.3%，并加锰含量［$w(Mn)=0.6\%\sim1.55\%$］，使钢中生成大量MnS，可产生易断削效果。

6.3.5 磷的影响

磷一般由生铁带入，是有害元素，主要造成钢的冷脆。磷全部熔入铁素体，虽可使铁素体的强度、硬度有所提高，但却使室温下的钢的塑性、韧性急剧下降，在低温时更为严重，造成脆断，故称为冷脆。但磷也有有利的一面，如：生产易断削钢时，将磷含量（质量分数）提高至0.08%~0.15%，使铁素体脆化，提高钢的切削加工性能。炮钢［$w(C)=0.6\%\sim0.9\%$，$w(Mn)=0.6\%\sim1.0\%$］中，加入较多的磷增加钢的脆性，使炮弹在爆炸时，碎片增多，增大杀伤力。

6.3.6 氮的影响

长期以来，习惯把氮看作钢中的有害杂质。当含氮较高的钢自高温快冷，铁素体中的溶氮量达到过饱和。如果将此钢材冷变形后在室温放置或稍微加温时，氮将以氮化物的形式沉淀析出，这使低碳钢的强度、硬度上升而塑性韧性下降。这种现象称为机械时效或应变时效，对低碳钢的性能不利。

6.3.7 氢的影响

氢对钢的危害表现在两个方面，一是氢溶入钢中使钢的塑性和韧性降低引起所谓“氢脆”；二是当原子态氢析出（变成分子氢）造成内部裂纹性质的缺陷。白点是这类缺陷中最突出的一种。具有白点的钢材其横向试面经腐蚀后可见丝状裂纹（发纹）。纵向断口则可见表而光滑的银白色的斑点，形状接近圆形或椭圆，直径一般在零点几毫米至几毫米或更大。具有白点的钢一般是不能使用的。

6.3.8 氧的影响

氧在钢中的溶解度很小，几乎全部以氧化物形式存在，而且往往形成复合氧化物或硅酸盐。这些非金属夹杂物的存在，会使钢的性能下降，影响程度与夹杂物的大小数量、分布有关。

由铁碳合金相图分析可以看出，钢的组织和性能受到温度和成分影响。不同温度和成分下钢中的组织和性能会有很大的变化，这主要是由于钢中基本相以及不同的相含量的变化所引起的。因此，研究温度、相的变化条件、相的控制因素以及控制方法就成为控制钢的组织、性能变化的不可忽视的直接因素。

习　　题

6-1　铁碳合金的基本相有哪些，各用什么符号表示？

6-2　绘出 $Fe\text{-}Fe_3C$ 相图，并叙述各特性点、线的名称及含义。

6-3　分析亚共析钢、共析钢、过共析钢的平衡结晶过程。

6-4　含碳量对铁碳合金的力学性能和工艺性能有何影响？

7　金属加工时的组织和性能

金属的组织和性能既然受到温度的影响，那么对其进行加工变形不妨以冷加工和热加工来命名。可以分别对其变形过程中的组织和性能的变化进行研究。

7.1　冷加工变形的组织和性能

金属在冷加工（如冷轧、拉拔和冷冲等）时，其组织结构主要表现为产生加工硬化。随着变形程度的增加，加工硬化现象也则更加显著，其性能也会发生相应的变化。

7.1.1　冷加工变形的组织的变化

7.1.1.1　产生纤维组织

冷加工变形中，随着金属外形的改变，其内部晶粒的形状也在发生相应的变化，主要表现为沿最大主变形方向被拉长、拉细或压扁，如图 7-1 所示。

晶粒被拉长的变化程度取决于其变形状态。两向压缩和一向拉伸的主变形是最有利于晶粒拉长的。变形程度越大，晶粒形状的变化也越大。在晶粒被拉长的同时，晶间夹杂物和第二相也跟着被拉长或拉碎呈点链状排列，这种组织称为纤维组织，如图 7-2 所示。变形程度越大，纤维组织越明显。由于纤维组织的存在，使变形金属的横向（垂直于延伸方向）力学性能降低，而呈现各向异性。

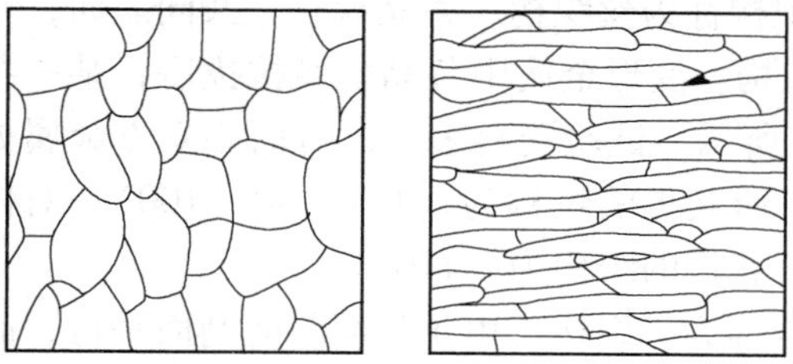

(a)　(b)

图 7-1　冷轧前后晶粒形状变化
（a）变形前的退火状态组织；（b）冷轧变形后的组织

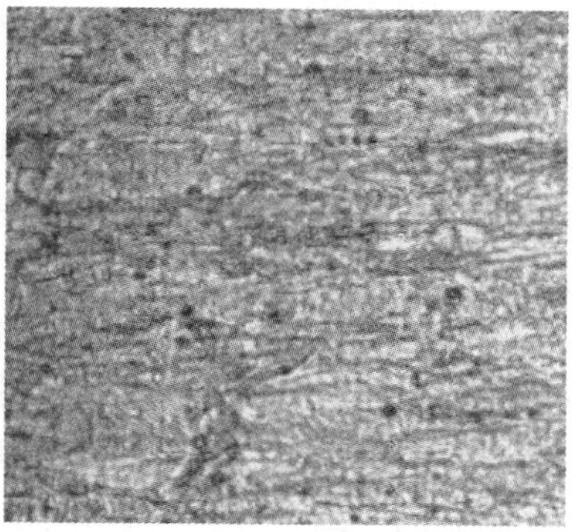

图 7-2　冷轧纤维组织

7.1.1.2　产生亚结构

金属经过冷加工后，其各个晶粒被分割成许多单个的小区域，即为亚结构，如图 7-3 所示。在这些小区域的边界上存在有大量位错，而这些区域的内部位错密度较低，故晶格的畸变很小。例如，当变形量达到 20% 的 α-Fe 产生，亚结构就十分明显，大小约为1～2μm。

7.1.1.3　产生变形织构

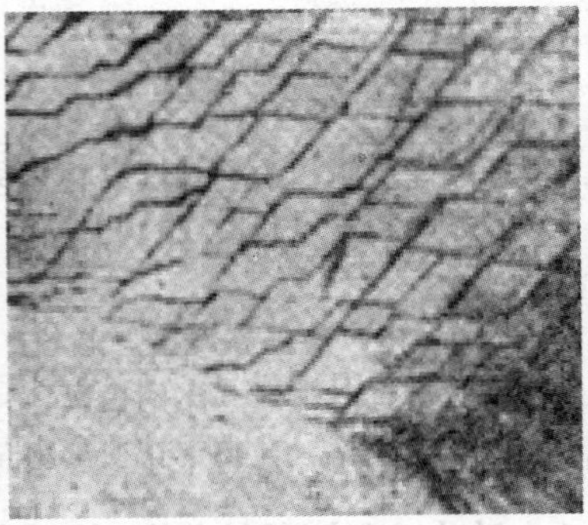

图 7-3　冷轧亚结构

金属由许多位向不同的不规则晶粒组成，如图 7-4 所示。由于其各自方向性的差异，使得多晶体金属平均起来在不同的方向上具有相同的性质，即所谓各向同性。在塑性变形过程中，当达到一定的变形程度以后，晶粒的形状和取向随滑移和孪生的产生而发生改变，使原来的各向同性消失，而在一定方向上出现择优取向，使晶粒间的晶面和晶向趋于排成一定方向（见图 7-4），从而导致各向异性的产生。这种由原来位向紊乱的晶粒到出现有序化，并有严格位向关系的组织结构，称为变形织构。

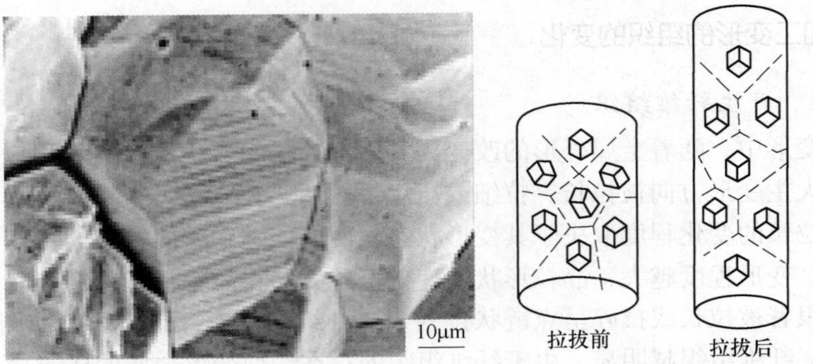

图 7-4　多晶体晶粒和晶体丝织构

随着加工方式的不同，可以出现不同的变形织构。按照坯料或产品的外形可分为丝织构和板织构。

（1）丝织构。在拉拔和挤压条件下形成的织构称为丝织构。各晶粒有一共同晶向，相互平行并与拉伸轴线一致，以此晶向来表示丝织构。变形金属中各晶粒经拉拔后，某一特定晶向平行于拉拔方向，形成丝织构，如图 7-4 所示。试验资料表明，对面心立方金属如金、银、铜、镍等，经较大变形程度的拉拔后，所获得的织构为〈111〉和〈100〉。对体心立方金属如 α 铁、钼、钨等，经过拉丝后，所获得的织构为〈110〉。

（2）板织构。对于在轧制过程中形成的织构称为板织构。由于晶面与轧制面平行，晶向又与轧制方向一致，如图 7-5 所示。因此，板织构用其晶面和晶向来共同表示。如图7-6 所示，体心立方金属，当其（100）晶面∥轧制面，〈011〉晶向∥轧制方向，可简单用（100）〈011〉来表示板织构。

金属在冷加工过程中所形成的变形织构特性，取决于主变形程度和变形图示的特性及合金的成分。变形程度越大，变形状态越均匀，则变形织构将越明显。金属或合金的成分对织构的影响较小。一般形成固溶体的合金和纯金属的变形织构较两相合金更容易形成。这是因为两相的塑性不同，在变形时产生相互牵制和影响，使规律性的变形不容易形成。

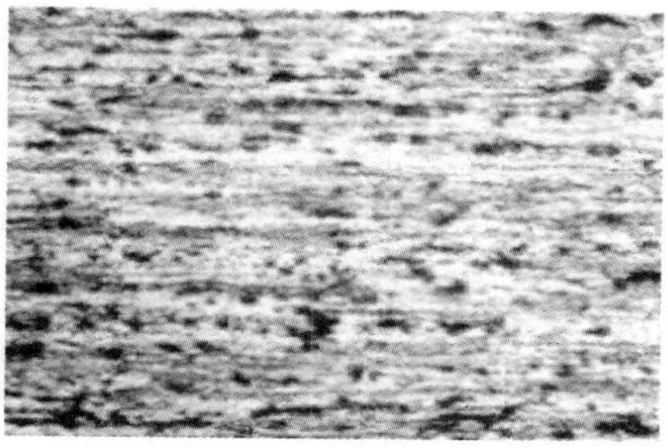

图 7-5 冷轧变形织构

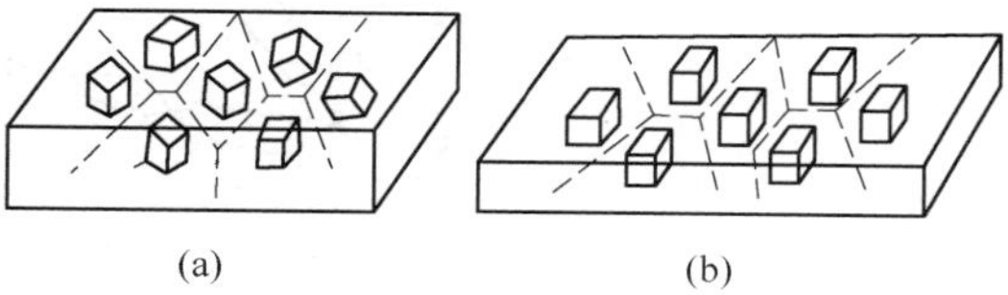

图 7-6 冷轧板织构
(a) 变形前; (b) 变形后

7.1.2 金属性能的变化

7.1.2.1 金属的密度降低

在冷加工过程中，由于晶内及晶间物质的破碎，使变形金属内产生大量的微小裂纹和空隙，因而导致金属的密度降低。例如，退火状态钢的密度为 7865kg/m^3，而经冷加工后，则降低为 7780kg/m^3。

7.1.2.2 金属的导电性降低

导电性一般随冷加工程度的增加而降低，这种降低在变形程度不大时尤为显著。例如，紫铜拉伸 4%的变形时，其单位电阻增大 1.5%；当变形程度达 40%时，其单位电阻增加为 2%，继续增加变形程度达 85%时，此数值变化甚小。

如果随冷变形程度的增加，使晶间物质破坏，导致晶粒之间彼此直接接触，并且能使晶粒位向有序化，则这种变形的结果可能会使金属的导电性增加，即电阻减小。但由于晶间与晶内的破坏引起电阻增加的作用较大，因此对冷加工后的金属所反映出的导电性能是降低的。

7.1.2.3 导热性降低

由上述可知，冷加工可使导热性降低，例如铜的晶体在冷加工后，其导热性降低可达 78%之多。

7.1.2.4 化学稳定性降低

金属经冷加工后，使其内部的能量增高，导致其化学性能不稳定而容易被腐蚀。例如，经冷加工后的黄铜，可加速其晶间腐蚀，使黄铜在潮湿，特别是在有氨气的气氛中产生破裂。

7.1.2.5 产生加工硬化

由于在变形中产生晶格畸变、晶粒的拉长和细化、出现亚结构以及产生不均匀变形等，使金属的变形抗力指标（强度、硬度），随变形程度的增加而升高。又由于在变形中产生晶内和晶间的破坏、不均匀变形等，使金属的塑性指标（伸长率、断面收缩率等）随变形程度的增加而降低，这种现象称为加工硬化。图 7-7 所示为质量分数为 0.27%C 的碳钢，在冷拔时力学性能的变化曲线。

加工硬化现象具有很重要的现实意义。首先，在生产中把它当作强化金属的一种方

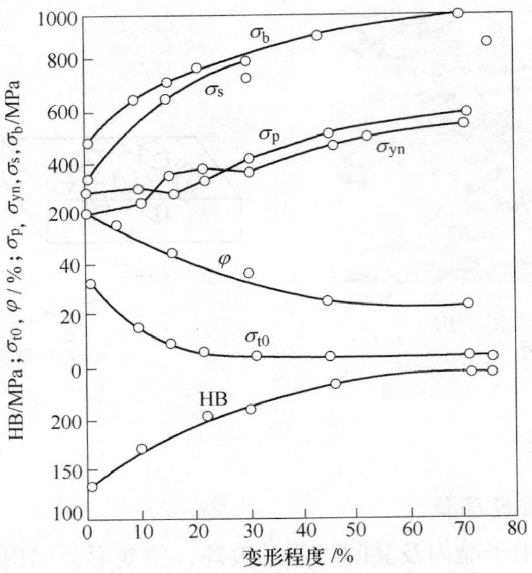

图 7-7　0.27%C 的碳钢冷拔时力学性能的变化

σ_b—强度极限；σ_s—屈服极限；φ—断面收缩率

法，对于一些不能通过热处理来提高强度的金属或合金，可以采用加工硬化方法达到强化的目的，例如坦克履带、矿石破碎机衬板之所以具有高耐磨性，冷弹簧在卷制后之所以能具有高弹性，冷拔钢材之所以具有高强度等，都是加工硬化的结果。即使某些经过热处理的钢丝，也可以通过加工硬化进一步提高强度，以充分发挥材料的潜力。其次，加工硬化能保证金属某些工艺性能，并使之得以加工成型。例如冷拉金属线材时，由于通过模具的断面收缩部位引起加工硬化，所以这些部位的拉伸应力虽然增加，但不至于断裂，使冷拉工艺可持续进行。

加工硬化虽然能使金属的强度提高，但它同时也降低金属的塑性和韧性。此外，在冷加工工艺过程中，加工硬化需要不断增加机械功率，对设备、工具的强度提出了更高的要求。

7.1.2.6　产生各向异性

由于冷加工后的金属与合金出现织构，从而使得金属呈现各向异性，表 7-1 为硅钢在不同晶向上的力学性能。

表 7-1　质量分数为 3%硅钢的力学性能的各向异性数据

晶向	弹性模量/MPa	弹性极限/MPa	屈服极限/MPa	强度极限/MPa
〈100〉	117.6~131.3	282.4	365.6	406.7
〈110〉	197.0~205.8	290.1	372.4	441.0
〈111〉	254.8~282.4	372.4	426.3	468.5

实际工作中，各向异性会引起严重的后果。因为各向异性使金属在不同的方向显示着不同的力学性能，因而导致加工的困难，例如在深冲的压延中，由于板料塑性有各向异性，使其在某一方向容易拉伸，而另一方向不容易拉伸，因而在边缘产生凸凹不平的形

状，如图 7-8 所示，这种凸凹不平的波形称为“制耳”。很显然，这种“制耳”不仅增加了加工时的困难，而且使废品率提高而增加成本，导致产品收得率降低。

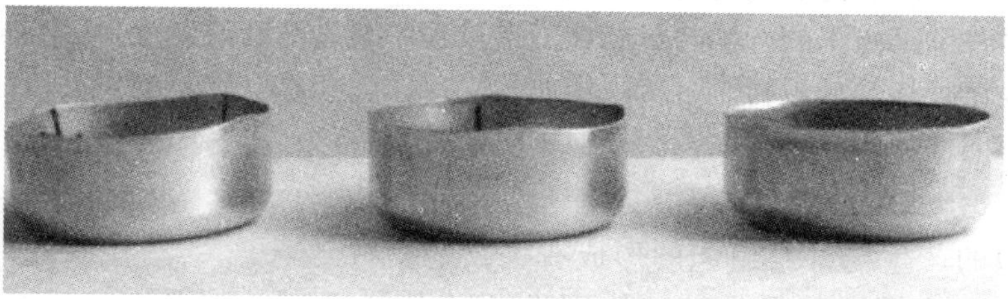

图 7-8 板材深冲“制耳”

在某些情况下，由于织构而形成的各向异性也有一定的好处。例如变压器用硅钢片（含硅质量分数约为 3%），是具有体心立方结构的铁素体组织。如果采用合适的加工过程，可以获得所希望的（110）〈100〉织构板材。这是因为沿着〈100〉方向最易磁化，若将这种板材沿轧制方向切成长条，使轧向与磁场平行而堆垛成芯棒或拼成矩形铁框，可得到磁化率最高的铁芯。显然，由于铁损的大大减少而提高了变压器的功率；或者在一定的功率下，可以使变压器的体积大为减小。

7.2 热加工变形的组织和性能

相较于冷加工变形，金属在热加工时会表现出较好的塑性变形能力。因此，一般来说，大多数的金属铸锭及铸坯是在热加工的条件下进行加工变形的。那么，为什么热加工条件有利于金属良好塑性变形能力的体现？这主要是由于金属的组织的变化受到了温度的影响，从而引起其性能的变化。

7.2.1 热加工变形的组织变化

7.2.1.1 产生纤维组织

纤维组织是热加工的一个重要特征，如图 7-9 所示。铸态金属在热加工中所形成的纤维组织与金属在冷加工中由于晶粒被拉长而形成的纤维组织是不同的。

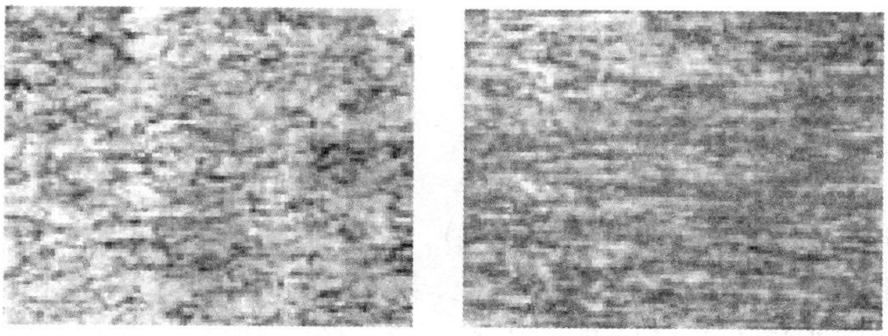

图 7-9 热轧纤维组织

在热加工中形成的纤维组织有各种原因，最常见的是由非金属夹杂所造成的。这种夹杂物的再结晶温度较高，在热加工的过程中难于发生再结晶；同时在高温下也具有一定的塑性，变形时将沿着最大延伸方向被拉长而形成线条状。当变形完成后，被拉长的晶粒，由于再结晶的作用而变成为许多细小的等轴晶粒，而被拉长的夹杂物，则仍保持被拉长的状态而形成纤维组织。这种纤维组织，不像由晶粒拉长所形成的纤维组织。在一般情况下，要减少这种纤维组织的产生，只能在变形过程中通过不断改变变形的方向来避免。例如，直接用连铸板坯轧成板材时，所采用的角轧、横轧和直轧就是避免纤维组织的产生和减小性能的方向性。

7.2.1.2　产生带状组织

带状组织的产生与纤维组织的形成有关，是钢材内部缺陷之一。出现在热轧低碳结构钢显微组织中，沿轧制方向平行排列、成层状分布、形同条带的铁素体晶粒与珠光体晶粒，如图 7-10 所示。这是由于钢材在热轧后的冷却过程中发生相变时铁素体优先在由枝晶偏析和非金属夹杂延伸而成的条带中形成，导致铁素体形成条带，铁素体条带之间为珠光体，两者相间成层分布。在滚珠轴承钢中，由于在枝状晶的各枝晶间存在有碳化物，这些碳化物经变形后被破碎成颗粒沿金属的延伸方向排列而形成碳化物的带状组织。被加工金属中带状组织的出现，会使金属性能表现出各向异性及性能的不均匀性。

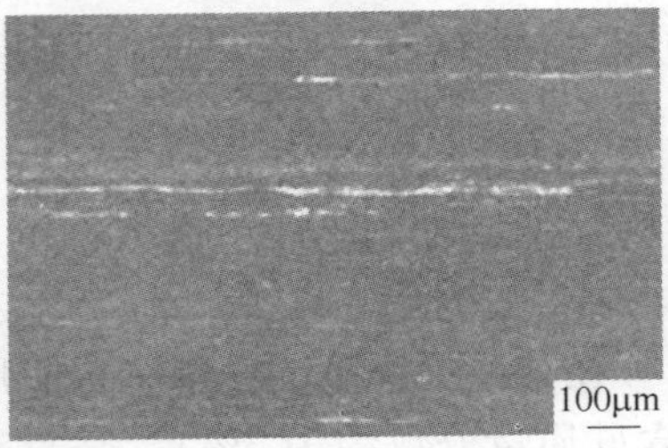

图 7-10　带状组织

7.2.1.3　产生变形流线

热变形纤维组织（流线）的出现，使钢材的力学性能呈现各向异性。在沿纤维伸展的方向上，具有较高的力学性能，而在垂直于纤维伸展的方向上性能低。如图 7-11 和图7-12 所示，左边的工件流线是顺着工件变形方向的流线形式，在弯角处具有较好的承受外力的能力，而右边的工件流线为同向的流线形式，在拐角处横向承受外力的能力较差，则易产生断裂。

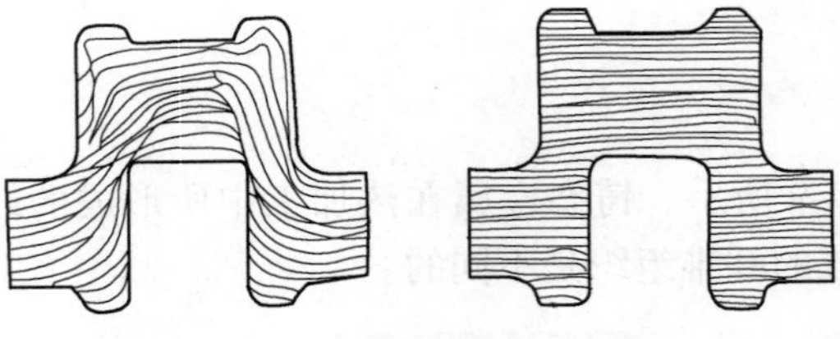

图 7-11　曲轴流线

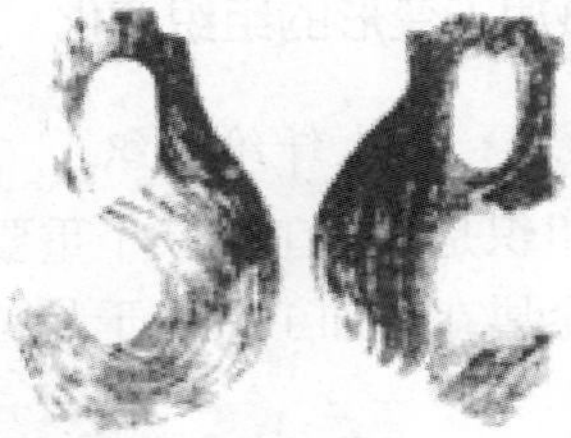

图 7-12　吊钩流线

7.2.1.4　改善铸态组织

金属的铸态组织是不均匀的（见图 7-13），可从铸坯断面上看出 3 个不同的组织区域，最外一层是由细小的等轴晶组成的一层薄壳，和这薄壳相连的是一层相当厚的粗大柱状晶区域，其中心部分则为粗大的等轴晶。从成分看，除了特殊的偏析造成的成分不均匀外，一般的低熔点物质、氧化物及其他非金属夹杂，多集结在柱状晶的交界处。此外，由于存在气孔、分散缩孔、疏松及裂纹等缺陷，使铸坯的密度较低。组织和成分的不均匀以及较低的密度，是铸坯塑性差、强度低的基本原因。

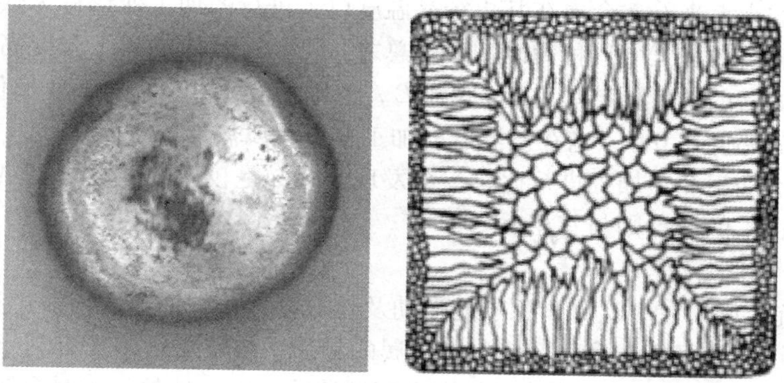

图 7-13　金属的铸态组织

在三向压缩应力状态占主导地位的情况下，热加工由于再结晶的作用，能够最有效地改变金属与合金的铸态组织。在合理的变形量条件下，可以使铸态组织发生下列的有利变化：

（1）热加工一般是通过多道次的反复变形来完成的。由于在每一道次中硬化和软化过程是同时发生的，使变形而破碎的粗大柱状晶粒，通过反复的改造而成为较均匀、细小的等轴晶粒；并且还能使某些微小裂纹得到愈合。

（2）由于三向压应力状态的作用，可使铸态组织中存在的气泡焊合、缩孔压实、疏松压密而变为较致密的组织结构。

（3）在应力的作用下，原子的热运动借助于高温的能量而增强了扩散的能力，这就有利于铸坯化学成分的不均匀性大大地相对减少。

上述的有利变化表明，热加工可使铸态组织变为有利于变形（或加工）的组织，它比铸坯有较高的密度、均匀细小的等轴晶粒以及较均匀的化学成分。因此，金属的塑性指标和强度指标均有明显的提高。

7.2.2　热加工的性能变化

热加工的性能变化有：

（1）塑性高，变形抗力小。随着变形温度的升高，原子的运动能力及热振动增强，加速了扩散过程和溶解过程，使金属的临界切应力降低；另外，使许多金属的滑移系统数目增多，有利于变形的适应性（或协调性）；加工硬化现象因再结晶的完全而被消除。因而使热加工时金属抵抗变形的能力减弱，同时塑性升高。

（2）组织与性能存在不均匀性。热加工结束后，由于金属各部分存在冷却速度不均等原因，使得金属温度高的部位晶粒尺寸要比温度较低处的偏大一些，造成晶粒大小不均匀，因而使得金属性能产生不均匀性。

7.3　冷加工与热加工的区别

由于冷加工变形会引起金属的加工硬化，变形抗力大，故对于那些变形量较大、特别是截面尺寸较大的工件，冷加工变形便十分困难；另外，对于某些较硬（W、Mo）或塑性极低（Zn 等）的金属，甚至不可能对其进行冷加工，而必须进行热加工。

从金属学的观点来看，金属在其再结晶温度以上进行的加工变形称为热加工；在其再结晶温度以下进行的加工变形称为冷加工。总之，不是以具体的加工温度高低来划分冷加工和热加工。如铁的最低再结晶温度为450℃，故即使它在400℃加工变形仍属于冷加工；又如铅的再结晶温度在0℃，它在室温度的加工变形就属热加工。

将金属的冷加工和热加工进行比较，会发现其差异是较大的。以下以热加工的特点进行表述，而冷加工的特点则与其相反。

（1）热加工的优势有：

1）变形抗力低。在高温时，原子的运动及热振动增强，加速了扩散过程和溶解过程，使金属的临界切应力降低；另外，使许多金属的滑移系统数目增多，有利于变形的适应性（或协调性）；加工硬化现象因再结晶的完全而被消除。因而使热加工时金属抵抗能力减弱而降低了能量的消耗。

2）塑性升高，产生断裂的倾向性减少。因为变形温度升高后，由于完全再结晶使加工硬化消除，在断裂与愈合的过程中，使愈合的速度加快以及为具有扩散性质的塑性机构的同时作用创造了条件。虽然在热加工的温度范围内，某些合金的塑性有波动，如α-Fe与γ-Fe在800~950℃的相变，使塑性有所下降。但就总体来说，热加工温度范围内的金属塑性还是高的。

3）不易产生织构。这是因为在高温下产生滑移的系统较多，使滑移面和滑移方向不断发生变化。因此，在热加工时，在金属内的择优取向或方向性就小。

4）生产周期短。在生产过程中，不需要像冷加工那样的中间退火，从而使整个生产工序简化而提高了生产率。

5）组织与性能基本满足要求。这一方面是热加工能存在和发展的基本特点。

（2）热加工的局限。虽然热加工具有上述的优点，使之在生产实践中得到广泛的应用，但这样的加工方法仍然存在有许多不足之处：

1）生产细或薄的产品时较困难。对细或薄的加工件，由于散热较快，在生产中要保持热加工的温度条件是很困难的。因此，对于生产细或薄的金属材料，一般仍然采用冷加工（如冷轧、冷拔等）的方法。

2）产品表面质量差。产品的表面光洁度与尺寸精确度较差，这是因为在加热时，金属的表面要生成氧化物（如氧化铁皮等），在加工时，这些氧化物不易清除干净，造成加工产品的表面质量和尺寸的精度不如冷加工好；另外在冷却时的收缩，也能使表面质量和尺寸精度降低。

3）组织与性能的不均匀。在热加工结束后，由于冷却等原因，使产品各处的温度难以保持均匀一致，温度偏高处的晶粒尺寸要比低处的大一些，由于晶粒大小不一，使得金属组织与性能不均匀。

4）产品的强度不高。热加工时，由于温度高的原因，对金属起到了软化的作用。因此，要提高产品的强度，除了改进热加工的工艺措施外，在条件允许的情况下，也可采用冷加工。

5）金属的消耗较大。加热时由于表面的氧化而有约1%~3%左右的金属烧损，在加工过程中也有氧化铁皮的脱落以及由于缺陷造成切损增多等，使金属的收得率降低。

6）对含有低熔点的合金不宜加工。例如，在一般的碳钢中含有较多的 FeS，或在铜中含有 Bi 时的热加工，由于在晶界上有这些杂质所组成的低熔点共晶体发生熔化，使晶间的结合遭到破坏而引起金属的断裂。

7.4 回复与再结晶

前面讨论了金属在冷加工和热加工时组织及性能的变化，发现由于变形后组织的不均匀性导致材料发生性能不均匀的变化。那么如何通过控制或改善组织使得材料具有良好的性能，下面将对前面提到的金属再结晶展开讨论。

钢材经过冷轧变形后，其内部组织产生晶粒拉长、晶粒破碎和晶体缺陷大量存在的现象，导致金属内部自由能升高，处于不稳定状态，具有自发地恢复到比较完整、规则和自由能低的稳定平衡状态的趋势。这是经过冷塑性变形的金属在随后的热处理过程中能够发生组织和性能变化的内在因素。

但是在室温条件下，金属的原子动能小，扩散能力差，扩散速度小，这种自发倾向无法实现，必须施加推动力。这种推动力就是将钢加热到一定温度，使原子获得足够的扩散动能，才能消除晶格畸变，使金属的组织和性能发生变化。

随着温度的升高，组织和性能的改变可经历 3 个阶段，即回复、再结晶、晶粒长大。

7.4.1 回复

当加热温度不高时冷变形金属中微观内应力显著降低，强度、硬度变化不大，塑性和韧性稍有上升，显微组织无显著变化，新的晶粒没有出现，这种变化过程称为回复。在回复阶段，冷变形金属中的主要变化是空位和位错的移动，位错的重新排列，以及由空位、位错与晶体内界面的相互作用造成的空位和位错组织和性能的变化数目的减少。位错的运动，使得在晶粒中原来杂乱分散的位错集中起来，相互结合并按某种规律排列起来，因而在变形晶粒中形成许多小晶粒。这些小晶粒之间的位向差很小，一般不大于 1°，彼此间以亚晶界分开，内部结构接近完整状态，称为回复亚晶。在回复阶段位错密度及亚结构尺寸无明显改变，因而金属的力学性能变化不大。

7.4.2 再结晶

冷变形金属加热到较高温度时，将形成一些位向与变形晶粒不同的和内部缺陷较少的等轴晶粒，这些小晶粒不断向周围的变形金属扩展长大，直到金属的冷变形组织完全消失为止，这一过程称为金属的再结晶，如图 7-14 所示。新晶体的晶核一般是在变形晶粒的晶界或滑移带及晶格畸变严重的地方形成，因为这些部位的原子处于最不稳定状态，向规则排列的倾向最大。应当注意的是，再结晶后形成的新晶粒的晶格类型与旧晶粒是相同的，所以再结晶不是相变过程。

再结晶后冷变形金属强度和硬度显著下降，塑性和韧性大大提高，内应力完全消除，加工硬化消除，如图 7-15 所示。

冷变形金属的再结晶过程一般是通过形核和长大过程完成的。有人认为再结晶核心首先在变形晶粒畸变大的地方形成，这些晶核逐渐长大，直到相互接触为止，每个晶核都形成一个等轴晶粒。但理论计算有差距，至于亚晶粒究竟如何长大至今仍有待进一步的研究。

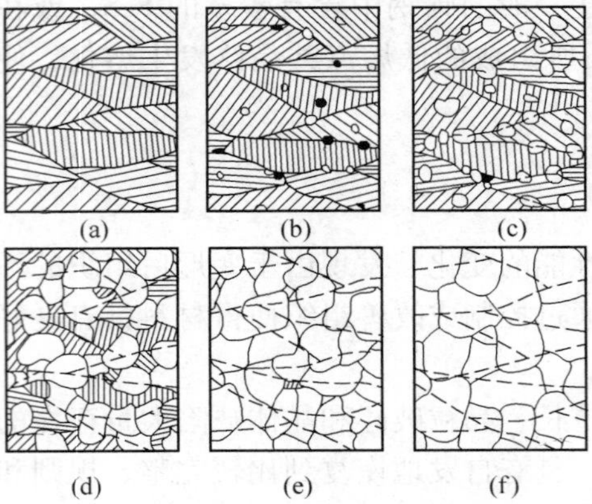

图 7-14　冷变形金属再结晶过程

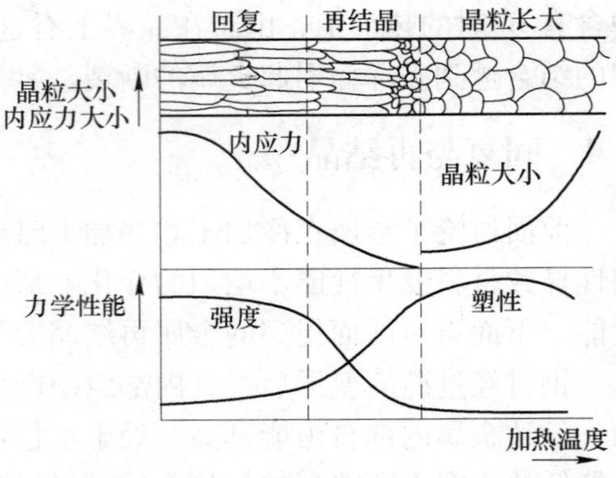

图 7-15　冷变形金属再结晶过程性能变化

能够进行再结晶的最低温度称为金属的再结晶温度。应特别指出的是，再结晶时新旧晶粒的晶格结构和成分完全相同，所以再结晶不是相变过程，没有恒定的转变温度，这是再结晶与重结晶的根本区别。再结晶过程的原动力主要是变形晶粒的畸变能，它的发展必须通过金属内部原子的扩散移动来完成，因此再结晶过程能否进行主要取决于金属中畸变能的高低和金属原子扩散过程能否充分进行。经分析发现金属的再结晶温度受以下因素影响：

（1）预先的变形程度。变形程度越大，金属畸变能越高，向低能量状态变化的倾向也就越大，因此再结晶温度低。冷轧薄板厚度不大于 1.2mm 时，压下率大，再结晶温度低，因而在退火时温度也较低；而厚的钢板压下率较小，再结晶温度相对提高了，退火温度相应地也有所提高。

（2）原始晶粒度。原始晶粒粗大，变形阻力小，变形后内能集聚较少，所以要求再结晶温度较高。

（3）金属纯度和成分。金属的化学成分对再结晶温度的影响比较复杂。当金属中含有少量合金元素和夹杂时，在多数情况下要提高再结晶温度，这可能是由于少量的异类原子与变形中产生的结构缺陷空位和位错交互作用，阻碍了这些缺陷的运动，使再结晶过程难以进行。当合金元素含量较高时，则可能提高也可能降低再结晶温度，这主要视合金素对基体原子扩散速度的影响，以及合金元素对再结晶形核时表面能的影响而定。钼、铬等元素可提高钢的再结晶温度，利用这一规律可以改善钢的高温性能。

（4）加热速度的影响。加热速度越快或加热时间越短，再结晶温度越高，因此，在生产中退火温度一般比最低再结晶温度高 100～200℃。

7.4.3　晶粒长大

再结晶完成后，继续升高温度或过分地延长保温时间，晶粒会继续长大。晶粒长大也是一自发的过程，它使晶界减少，能量降低，组织变得更加稳定。晶粒长大主要靠晶界的迁移来完成。较大的晶粒逐渐吞并相邻的小晶粒，晶界本身趋于平直化，三晶界的交角趋 120°。在一般情况下，晶粒长大是逐渐进行的，称为正常晶粒长大。从再结晶完成到正常晶粒长大，称为一次再结晶，一次再结晶形成的晶粒被称为一次晶粒。但是当加热到较高度或保温时间较长时，对有些钢来说，将产生二次再结晶，即有少数晶粒吞并其周围的一次晶粒并迅速长大，这种现象称为二次再结晶，其晶粒称为二次晶粒。单取向硅钢在高温成品退火中，高斯织构是通过二次再结晶来形成的。

对于碳素钢，晶粒粗大会降低强度、塑性、冲击韧性及冷弯工艺性能，因此不希望发生二次再结晶。在生产中一次晶粒长大是不可避免的，重要的任务是要将晶粒度控制在一定范围之内，尽量获得细小均匀的晶粒，这就是在制定退火制度时应予以考虑的重要问题。

7.4.4 影响再结晶后晶粒大小的因素

由于晶粒大小对钢的性能影响很大，所以通过再结晶退火来控制晶粒大小是一个重要的问题。影响再结晶后晶粒大小的因素主要有以下几个方面：

（1）退火温度和保温时间。在一定的冷变形条件下，再结晶后的晶粒大小随退火温度和保温时间的不同而变化，加热温度越高，保温时间越长，晶粒越粗大，其中退火温度的影响是主要的，如图 7-16 所示。

（2）冷变形程度的影响。钢的冷变形程度是影响晶粒大小的重要因素之一。在其他条件相同的情况下，金属的晶粒大小与其冷变形程度之间的关系如图 7-17 所示。

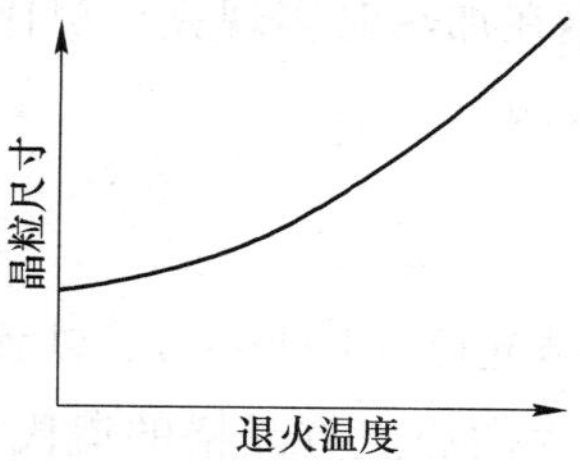

图 7-16 再结晶晶粒变化与退火温度的关系

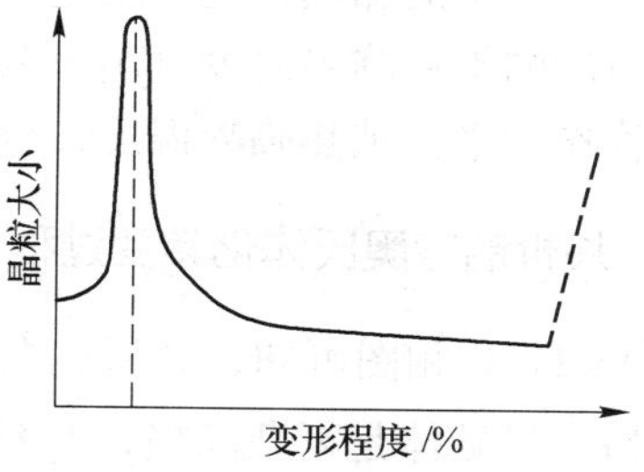

图 7-17 变形程度对再结晶晶粒大小的影响

使金属获得粗大的再结晶晶粒的冷变形率称为临界变形率，对一般金属及合金而言，临界变形率大约在 2%～10%，大于此变形率，则变形越大，其退火后的晶粒越细小，低于此变形率，则几乎无再结晶现象出现，退火后仍保持其原始晶粒。

习 题

7-1 名词解释：纤维组织、亚结构、形变织构、带状组织。

7-2 请分析回复、再结晶时材料组织变化过程及特点。

7-3 金属材料的回复、再结晶对其力学性能有什么影响？

7-4 金属的再结晶温度影响因素是什么？

8　钢在加热和冷却时的组织转变

8.1　钢在加热时的组织转变

根据铁碳合金相图分析不难发现随着温度的变化钢的组织也是会变化的。这种变化一方面体现在有可能发生相的改变，再有就是随着加热时间的延长，晶粒的大小会发生变化。

以共析钢为例，平衡状态下将钢加热至平衡临界温度 A_1(727℃）时，钢将会在一定时间内转变成奥氏体组织，因此将钢加热时获得单一奥氏体组织的过程，称为完全奥氏体化。而亚共析钢和过共析钢在 A_1（727℃）时则转变为奥氏体加先共析相，这个过程被称为不完全奥氏体化。不完全奥氏体化的钢只有当加热温度达到 A_3 或 A_{cm} 以上时才有可能实现完全奥氏体化。

实际生产中的加热过程并不是一个平衡过程，因此钢奥氏体化的实际温度会高于与其成分相对应的平衡临界温度（A_1、A_3、A_{cm}），这样就将钢在加热时实现完全奥氏体化的实际温度称作非平衡加热临界温度，分别用 A_{c_1}、A_{c_3}、$A_{c_{cm}}$ 表示。

8.1.1　共析钢的奥氏体化转变过程

由 Fe-Fe_3C 相图可知，共析钢在 A_1 线以下的组织为珠光体（F+Fe_3C)、铁素体是体心立方晶格，渗碳体是复杂晶格，A_1 线以上共析钢的组织为面心立方晶格的奥氏体，因此，奥氏体化必须经过晶格改组和铁、碳原子的扩散，如图 8-1 所示。

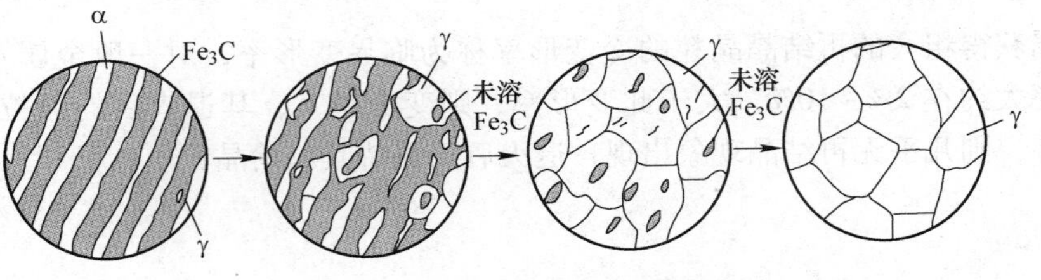

图 8-1　共析钢的奥氏体化过程

P→A 转变过程是一个形核与长大的过程，共分为 4 个阶段：

（1）第一阶段（A_{c_1}线时），A 体的形核。奥氏体晶核在铁素体和渗碳体的相界上优先形成，这是因为相界面处的原子是按铁素体与渗碳体两种晶格的过渡结构排列的，原子偏离平衡位置处于畸变状态而具有较高的能量。

（2）第二阶段，奥氏体晶核的长大。依靠铁素体向奥氏体的继续转变和渗碳体的不断溶入奥氏体而进行的，因此，奥氏体必须同时向铁素体和渗碳体两方向长大。

（3）第三阶段，残余渗碳体的溶解。由于铁素体向奥氏体转变的速度大于渗碳体的溶解速度，故铁素体全部消失后，仍有部分渗碳体尚未溶解。

（4）第四阶段，奥氏体的均匀化。当残余渗碳体全部溶解时，奥氏体的成分还不均匀，在原来铁素体处含碳量较低，在原来渗碳体处含碳量较高，只有较长保温时间，使碳原子有充分扩散的时间。

8.1.2　奥氏体晶粒的长大及其控制

8.1.2.1　奥氏体的晶粒度

晶粒度是表示晶粒大小的尺度。晶粒的大小用晶粒度等级来表示，共 10 级，1 级最粗大，10 级最细，1~4 级为粗晶粒，5~8 级为细晶粒，9~10 级为超细晶粒。

钢的晶粒大小评级方法：将被测试样放大 100 倍，与标准晶粒度级别图比较来评级。

8.1.2.2　奥氏体晶粒的长大

（1）起始晶粒度。珠光体向奥氏体的转变刚完成时，奥氏体晶粒的大小称为起始晶粒度。

（2）实际晶粒度。钢在某一具体加热条件下，实际获得的奥氏体晶粒的大小，称为实际晶粒度。

8.1.2.3　奥氏体晶粒大小对钢热处理后组织和性能的影响

奥氏体晶粒大小对冷却后钢的组织和性能影响很大，奥氏体晶粒细小，其冷却转变产物的组织也细小，其强度、塑性、韧性都较高。反之，粗大的奥氏体晶粒，冷却后仍获得粗晶粒的组织，使钢的力学性能降低，特别是冲击韧性变坏。

8.1.2.4　奥氏体晶粒大小的控制

（1）加热温度和保温时间。加热温度越高，原子扩散能力越强，晶粒长大速度越快，晶粒越粗大，保温时间越长，晶粒也越大，但不会无限长大。

（2）加热速度。（加热温度一定）加热速度越快，奥氏体化的实际温度越高，形核率越高，奥氏体的起始晶粒度越小，此外，加热速度越快，则加热时间越短，晶粒就越来不及长大。

（3）钢的化学成分的影响：

1）随着钢中碳含量的增加，奥氏体晶粒长大的趋势是先增加后递减。原因是碳的增加有利于扩散，但是过多的碳化物会阻碍晶粒晶界的生长。

2）钛（Ti）、钒（V）、铌（Nb）等是强碳化物形成元素，能获得超细奥氏体晶粒。晶粒粗化温度越高，晶粒长大的趋势越小。

3）铝（Al）能形成难溶的 AlN 质点在晶界上弥散析出，从而阻碍加热时奥氏体晶粒的迁移，细化了晶粒。但是若加热温度进一步增加（>900℃），该质点溶入奥氏体中，将使奥氏体晶粒急剧长大。从细化晶粒的角度出发，脱氧后的 Al 含量（质量分数）为 0.02%~0.04%为最佳。

（4）钢的原始组织的影响。一般而言，钢的原始组织越细，碳化物的弥散度越大，则奥氏体的启示晶粒度越小，细珠光体总是比粗珠光体获得更加细小而均匀的奥氏体起始晶粒度。

8.2　钢在冷却时的组织转变

加热时，钢的奥氏体化不是获得组织的最终目的，而是为了随后冷却时的组织转变作准备的。由此可见，钢的热处理的一个完整过程是加热、保温和冷却。如前所述，钢在生产中的冷却属于非平衡冷却。因此其实际组织转变温度是低于临界温度的，同样就将钢在冷却时发生组织转变的实际温度称作非平衡冷却临界温度，分别用 A_{r_1}、A_{r_3}、$A_{r_{cm}}$ 表示。钢的冷却方式有两种，将奥氏体化的钢迅速冷却到临界温度以下的某一温度进行保温，使得钢在这个等温状态下发生组织转变后再冷却到室温的冷却方式即为等温冷却（如图 8-2 曲线Ⅰ所示）。等温淬火、等温退火属于此类情况。

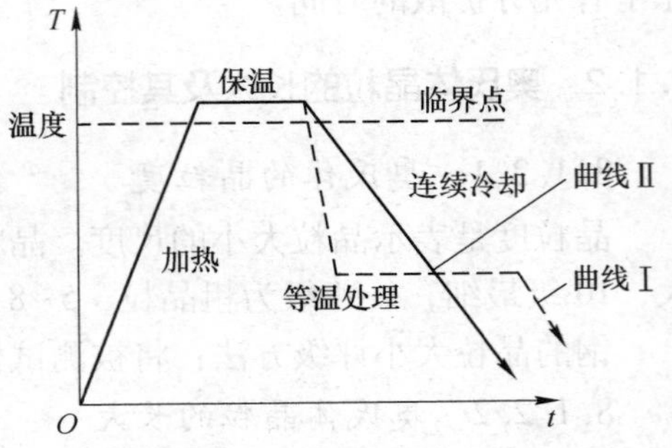

图 8-2　等温冷却和连续冷却

将奥氏体化的钢以一定的速度不断地进行冷却，即时间增加 ΔT，温度下降 Δt，这个过程即为连续冷却（如图 8-2 曲线Ⅱ所示）。普通淬火、正火、退火等工艺中的冷却属于此种冷却。

不同的冷却速度对钢的性能影响是非常明显的。因此，研究奥氏体在冷却过程中的变化规律是非常必要的。但 $Fe\text{-}Fe_3C$ 相图是在极其缓慢加热或冷却条件下建立的，它没有考虑不同的冷却条件对相变的影响，因此，在热处理中分别测绘出过冷奥氏体等温转变曲线和过冷奥氏体的连续冷却转变曲线。

8.2.1　过冷奥氏体的等温转变

钢在冷却过程中，奥氏体的温度处在 A_1 以下时是不稳定的，必然会发生变化，但在转变前需停留一定时间，这段时间称为孕育期。而在 A_1 温度以下暂时存在的处于不稳定状态的奥氏体称为过冷奥氏体。那么将高温奥氏体迅速冷却到低于 A_1 的某一温度，保持恒温，让过冷奥氏体在此温度完成其转变的过程则称为过冷奥氏体的等温转变。通过对共析钢进行测试，可以得到过冷奥氏体的转变温度，转变时间和转变产物之间关系的曲线图形，被称为过冷奥氏体等温转变曲线。

8.2.1.1　过冷奥氏体等温转变曲线的建立

（1）将共析钢制成许多 ϕ10mm × 1.5mm 的圆片试样。

（2）将试样分成若干组（每个组几个至十几个试样），一组试样测定一个等温转变温度的转变。

（3）将试样分别放入 770℃ 的盐浴炉中保温相同的时间进行 A 化。

（4）分批将 A 化的试样从 770℃ 的炉中取出，立即放入 700℃、650℃、600℃ 等温槽中进行等温转变。

（5）每隔一定时间取出一个试样淬入水中（固定不同时间的等温转变状态）。

（6）以转变量为 1% 的时间作为转变开始点，以转变量为 99% 的时间作为转变终了点。

（7）建立温度—时间坐标系。

（8）将各温度下的转变开始点和转变终了点都标在坐标系上。

（9）把所有转变开始点联结起来，把所有转变终了点联结起来，便绘成过冷 A 等温转变图，如图 8-3 所示。

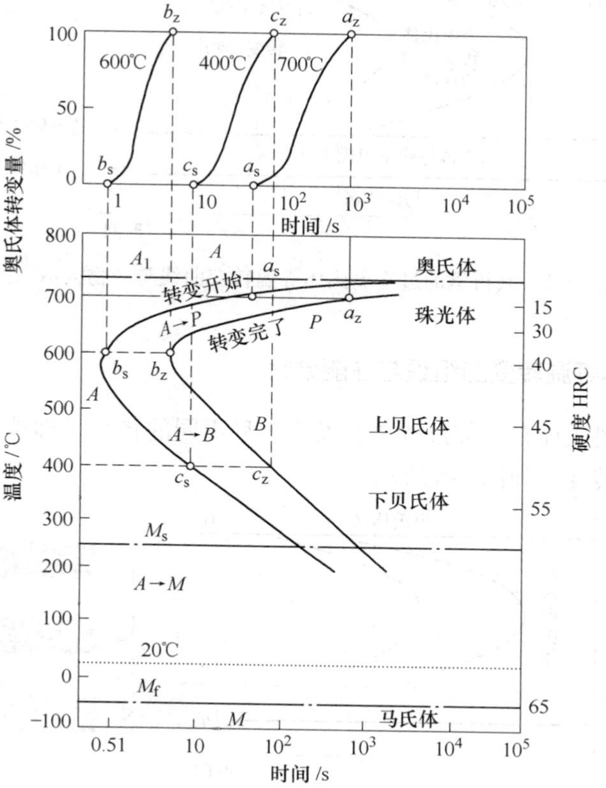

图 8-3 共析钢的过冷奥氏体等温转变曲线

等温转变曲线建立试验如图 8-4 所示。

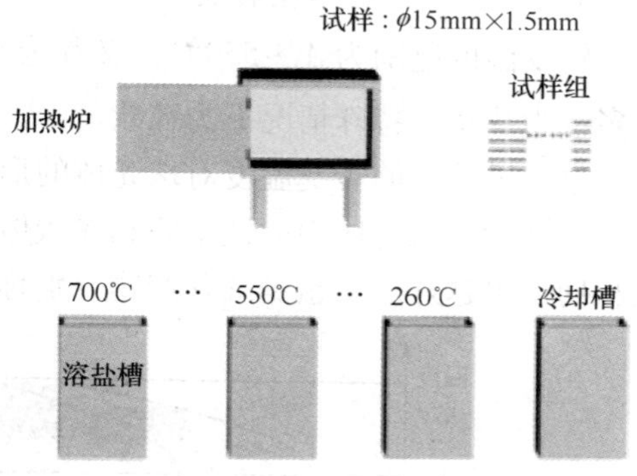

图 8-4 等温转变曲线建立试验

8.2.1.2 过冷奥氏体等温转变曲线（C 曲线）分析（见图 8-5）

（1）A_1 为奥氏体向珠光体转变的临界温度。

$a_1 \rightarrow a_5$ 线为过冷奥氏体转变开始线。

$b_1 \rightarrow b_5$ 线为过冷奥氏体转变终了线。

A_1 线以上是奥氏体稳定区域；A_1 线以下 $a_1 \rightarrow a_5$ 线以左是过冷奥氏体区，$b_1 \rightarrow b_5$ 线以右是转变产物区；$a_1 \rightarrow a_5$ 与 $b_1 \rightarrow b_5$ 线之间是过冷奥氏体与转变产物共存区；水平线 M_s 为过冷奥氏体转变为马氏体的开始温度；水平线 M_f 为过冷奥氏体转变为马氏体的终了温度。

（2）过冷奥氏体在不同温度下等温转变时的孕育期不同，鼻尖处最短说明过冷奥氏体最不稳定。

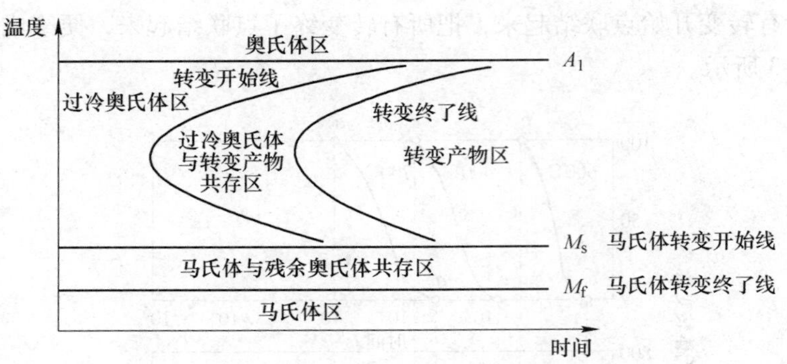

图 8-5　共析钢的过冷奥氏体等温转变曲线与产物区示意图

8. 2. 2　过冷奥氏体等温转变的组织与性能分析

共析钢的过冷奥氏体在冷却过程中会发生 3 种不同的转变，即珠光体型转变、贝氏体型转变和马氏体型转变，如图 8-6 所示。

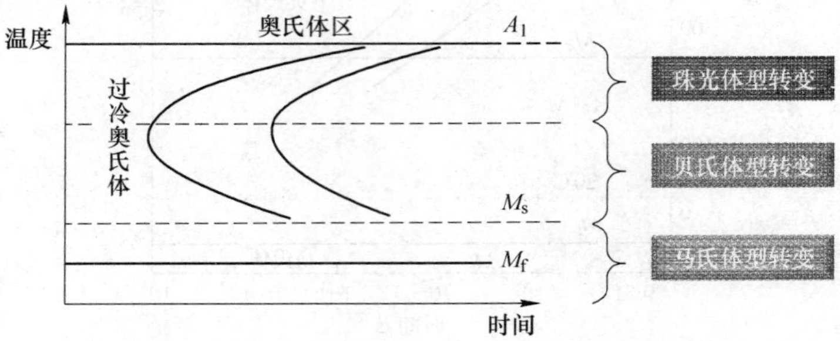

图 8-6　共析钢过冷奥氏体等温转变产物及温度区间

8. 2. 2. 1　珠光体型转变

转变温度范围为 A_1 ~ 550℃，又称为高温转变，是由奥氏体向珠光体的转变，产物形态多数为片状，特殊情况下为粒状。

过冷奥氏体的转变温度对珠光体的形成过程和组织有明显的影响，转变温度越低，即过冷度越大，珠光体中的铁素体和渗碳体片越薄，表明珠光体越细。强度、硬度越高，塑性和韧性也越好。从粗到细其产物分别称为珠光体、索氏体、屈氏体，如图 8-7 所示。

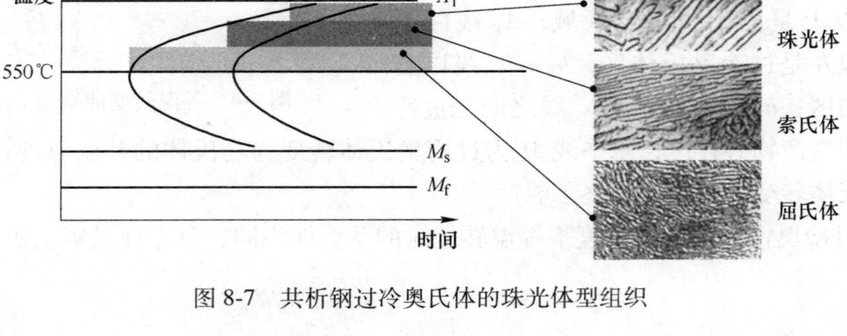

图 8-7　共析钢过冷奥氏体的珠光体型组织

珠光体是奥氏体发生共析转变所形成的铁素体与渗碳体的共析体，得名于其具有珍珠般的光泽，其形态为铁素体薄层和渗碳体薄层交替重叠的层状复相物，也称片状珠光体，用符号 P 表示，含碳量（质量分数）为 0.77%。在珠光体中铁素体占 88%，渗碳体占 12%，由于铁素体的数量大大多于渗碳体，所以铁素体片要比渗碳体厚得多。珠光体片层的形成是由于能量、成分、结构的起伏，优先在奥氏体晶界上产生渗碳体小片状晶核，这种小片状渗碳体晶核向纵、横向长大时，吸收了两侧的碳原子，使其两侧的 A 体含碳量显著降低，从而为铁素体的形成创造了条件，新生成的铁素体片，除了伴随渗碳体片沿纵向长大外，也沿横向长大，铁素体横向长大时，必然要向侧面的奥氏体排出多余的碳，因而显著增高侧面奥氏体的碳浓度，就促成了另一片渗碳体的形成，而出现新的渗碳体片，当奥氏体中已经形成层片相同的铁素体与渗碳体的集团之后，侧向长大即告结束，只能继续纵向长大，最终形成片层状珠光体。

在球化退火条件下，即只有在 A_1 附近的温度范围内作足够长时间的保温，才可能使片状 Fe_3C 球化，这样的珠光体称为粒状珠光体。当钢中的含碳量相同时，其粒状珠光体比片状珠光体具有较低的硬度和强度，而塑性、韧性较高。

通过金相分析发现，珠光体形态为铁素体薄层和渗碳体薄层交替重叠的层状复相物，根据片层间距分为珠光体、屈氏体和索氏体。在 400 倍光学显微镜下可以分辨的（片层间距为 0.25~1.9μm）称为珠光体。在 600 倍以上光学显微镜下才可以分辨的（片层间距为 30~80nm）称为屈氏体。介于两者之间的称为索氏体。由此可见，不同温度下对钢进行加热、保温，其晶粒的大小是有区别的。

8.2.2.2　贝氏体型转变

对于转变温度范围在 500℃ ~ M_s 线（对共析钢为 230℃）的转变，称为贝氏体转变，又称为中温转变。其中，500 ~ 350℃ 产生上贝氏体（$B_{上}$）；350℃ ~ M_s 产生下贝氏体（$B_{下}$）。

贝氏体是由含碳过饱和的铁素体与渗碳体（或碳化物）组成的两相混合物，根据转变温度和铁素体与渗碳体分布形态不同，分为上贝氏体和下贝氏体两种。贝氏体的形成过程是奥氏体转变成过饱和铁素体和渗碳体（或碳化物）的过程，也要进行晶格改组和碳原子的扩散，但改组过程中铁原子仅能做很小的位置移动，而不发生扩散，故又称为过渡型转变。其转变过程也经历形核和长大的过程。

$B_{上}$ 光学显微镜下呈羽毛状，电子显微镜下可看出 $B_{上}$ 中有很多平行排列的铁素体片层，其间断断续续分布着细条状渗碳体。

$B_{下}$ 光学显微镜下呈针状，电子显微镜下可看出针状铁素体内成行地分布着极细的 ε 碳化物（$Fe_{2.4}C$）颗粒或薄片。

贝氏体的性能特点是硬度比珠光体、索氏体、屈氏体都高。下贝氏体比上贝氏体不但硬度、强度高，而且塑性、韧性也好（为获得下贝氏体，可采用等温淬火工艺），如图 8-8 所示。

8.2.2.3　马氏体型转变

当冷却速度大于临界冷却速度，奥氏体化后的碳素钢被迅速过冷至 M_s 线以下，将发

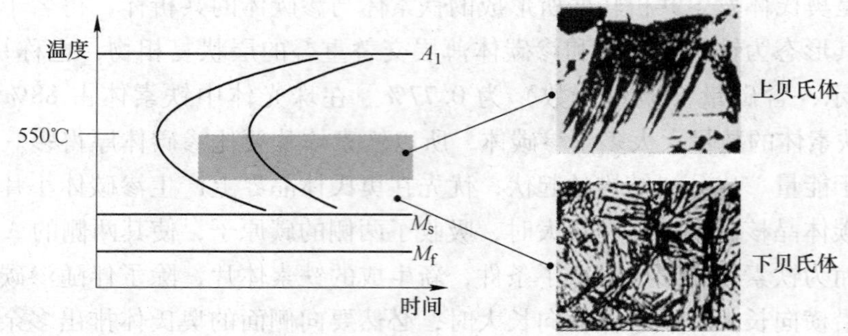

图 8-8　共析钢的过冷奥氏体贝氏体型转变示意图

生一个由奥氏体向高硬度相的转变，被称为马氏体转变，如图 8-9 所示。共析钢的马氏体转变温度范围是 M_s~M_f之间（230~−50℃），又称为低温转变。

A　马氏体转变的特点

（1）低温转变。马氏体转变是奥氏体必须快速冷却到某一温度以下才能发生，这一温度称为马氏体转变开始温度，用 M_s 代表，这一温度一般均低于 300℃ 以下，如图 8-10 所示。

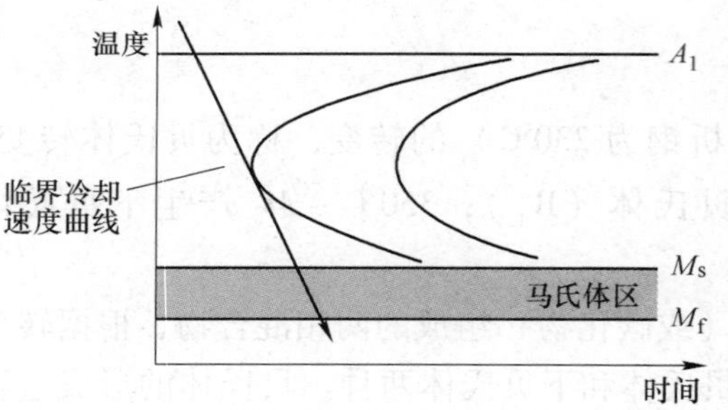

图 8-9　过冷奥氏体马氏体型转变位置示意图

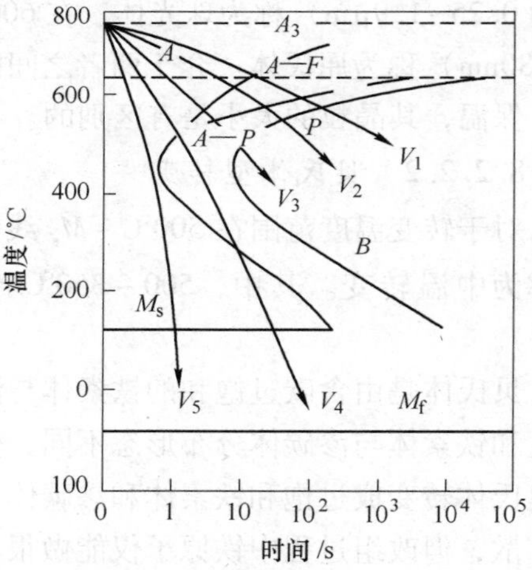

图 8-10　马氏体型转变温度曲线示意图

（2）非扩散性转变。由于转变温度低，过冷度大，奥氏体向马氏体转变时只发生“γ-Fe”→“α-Fe”的晶格改组，而没有铁、碳原子的扩散，属非扩散型转变，马氏体中的含碳量就是转变前奥氏体中的含碳量。同时，马氏体组织的密度低于奥氏体组织的密度，所以转变后钢的体积会膨胀。

这种转变带来的体积改变所引起的切应力、拉应力更需要重视。

（3）马氏体是碳在 α-Fe 中的过饱和固溶体。奥氏体向马氏体转变时发生“γ-Fe”→“α-Fe”的晶格改组，即从面心立方晶格转变成体心立方晶格，但由于没有碳原子的扩散，所以原有奥氏体中的碳原子均被留在了体心立方晶格之中，使得此时的体心立方晶格含碳量大大超过了一般体心立方晶格含碳量而成为过饱和固溶体。

（4）残留奥氏体。室温下马氏体的转变是不完全的，总要残留少量奥氏体。马氏体是由奥氏体急速冷却（淬火）形成，当奥氏体到达马氏体转变温度（M_s线）时，马氏体转变开始产生，母相奥氏体组织开始不稳定。当钢在 M_s线以下某温度保持不变时，少部分的奥氏体组织迅速转变，但不会继续，只有当温度进一步降低，更多的奥氏体才转变为马氏体。最后，温度到达马氏体转变结束温度 M_f线，马氏体转变结束，如果温度达不到马氏体转变结束温度，则有一部分奥氏体残留下来，称为残留奥氏体。

马氏体还有一个特点就是在铁碳平衡相图中没有马氏体的出现，因为它不是一种平衡组织。平衡组织的形成需要很慢的冷却速度和足够时间的扩散，而马氏体是在非常快的冷却速度下形成的。

由于化学反应（向平衡态转变）温度高时会加快，马氏体在加热情况下很容易分解，这个过程叫做回火。在某些合金中，加入合金元素会减少这种马氏体分解，如加入合金元素钨，形成碳化物强化机体。由于淬火过程难以控制，很多淬火工艺通过淬火后获得过量的马氏体，然后通过回火去减少马氏体含量，直到获得合适的组织，从而达到性能要求。当碳素钢中的马氏体太多时将使钢变脆，马氏体太少会使钢硬度降低。

B　马氏体的类型和性能

马氏体的组织形态主要有板条状马氏体和针状马氏体两种。含碳量（质量分数）小于0.2%的奥氏体几乎只形成板条状马氏体；含碳量（质量分数）大于1%的奥氏体几乎只形成针状马氏体。含碳量（质量分数）在0.2%～1%的奥氏体则形成两种形态混合的马氏体。

（1）板条状马氏体。板条状马氏体是低碳钢、马氏体时效钢、不锈钢等铁系合金形成的一种典型的马氏体组织，因其晶粒立体形状为板条状，故称板条状马氏体，如图8-11所示。由于它的亚结构主要是由高密度的位错组成，所以又称位错马氏体。

图8-11　板条状马氏体

板条状马氏体不但具有很高的强度，而且具有良好的塑性和韧性，同时还具有低的脆性转变温度，其缺口敏感性和过载敏感性都较低。因此，板条状马氏体（也称低碳马氏体）具有较高的强韧性，即综合力学性能较好。

（2）针状马氏体。针状马氏体则常见于高、中碳钢，每个马氏体晶体的断面形状呈针片状，故称针状马氏体，由于其亚结构主要为细小孪晶，其两个晶粒（或一个晶粒的两部分）沿一个公共晶面（即特定取向关系）构成镜面对称的位向关系，所以又称为孪晶马氏体，如图8-12所示。高碳钢在正常温度淬火时，细小的奥氏体晶粒和碳化物都能使其获得细针状马氏体组织，由于这种组织在光学显微镜下无法分辨，故称为隐针马氏体。

高碳马氏体具有高硬度，但塑、韧性很低，其特点是硬而脆。出现这种结果的原因是由于在针状马氏体中孪晶亚结构的存在大大减少了有效滑移系的数目；同时在回火时，碳化物沿孪晶（见图8-13）不均匀析出使针状马氏体脆性增大；此外，片状马氏体中含碳质量分数高，晶格畸变大，淬火应力大，以及存在大量的显微裂纹也是其脆性大的原因。

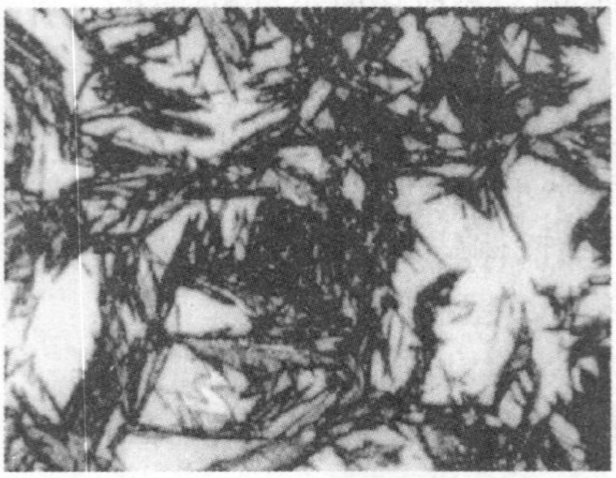

图 8-12　针状马氏体

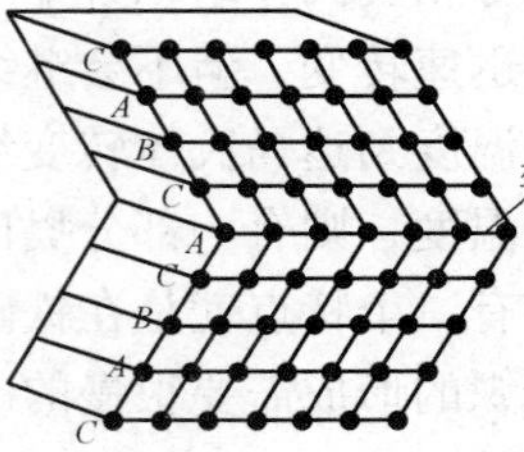

图 8-13　孪晶

8.2.3　过冷奥氏体等温转变曲线（C 曲线）的影响因素

过冷奥氏体等温转变曲线（C 曲线）的影响因素有：

（1）形状的影响。亚共析碳钢的 C 曲线与共析碳钢相比，多了一条先共析铁素体析出线。过共析碳钢的 C 曲线与共析碳钢相比，多了一条先共析渗碳体析出线。

（2）含碳量的影响。对亚共析碳钢来说，随着含碳量的增加，C 曲线右移；对过共析碳钢来说，随着含碳量的增加，C 曲线左移。

（3）合金元素的影响。除 Co 以外，所有溶入奥氏体的合金元素都使 C 曲线右移。这就意味着合金元素的加入大多都会延长过冷奥氏体的转变孕育期，从而推迟新产物的形成。

（4）加热条件的影响。加热温度越高，保温时间越长，奥氏体成分越均匀。但控制不当有可能引起加热缺陷或造成晶粒粗大，使得材料性能下降。

习　题

8-1　什么是奥氏体的起始晶粒度和实际晶粒度？说明晶粒大小对钢的性能的影响。

8-2　试分析珠光体形成时钢中碳的扩散情况及片、粒状珠光体的形成过程。

8-3　试比较贝氏体转变与珠光体转变和马氏体转变的异同。

8-4　分析钢中板条状马氏体和针状马氏体的形貌特征和亚结构，并说明其性能差异。

8-5　试述钢中典型的上贝氏体、下贝氏体的组织形态、立体模型，并比较它们的异同。

9 钢的控制轧制控制冷却理论

众所周知，金属材料用途广泛，可用于汽车、桥梁、铁路、家具、民用品等领域。而现代生产中，出现了许多非金属材料和人工合成材料，例如陶瓷材料、高分子材料及复合材料等，并已经部分取代了金属材料，使金属材料在全世界材料总数约25万余种中的比重相对减少。

那么，这是否就意味着金属材料将会被彻底取代呢？很显然这是不可能的。其原因是因为钢材具有良好的性能，包括较高的强度、硬度，理想的塑性、韧性和良好的导电性、导热性等。虽然金属材料的比重相对减少，但绝对消耗量仍然很大。据统计资料表明，我国机械行业的材料消耗中钢铁材料占90%以上。目前汽车工业用材仍以钢为主，用材量约占60%~65%。由此可见，钢材生产在国民经济中的地位是很重要的。但是钢铁产品具有结构大、质量大的特点，在产品生产的过程中，原材料和能量消耗都很高；在使用过程中也因其特点而使产品外观庞大、笨重，从而增大了运行动力，成为动力消耗的主要因素。

改善金属材料上述问题的最有效的方法就是挖掘金属材料的潜力，运用各种强化手段提高材料的承载能力。这些强化作用对于提高机械产品的使用性能，加速工业产品的发展，提高社会综合经济效益具有很重要的意义。

9.1 控制轧制与常规轧制的区别

控制轧制和控制冷却工艺是一项节约合金、简化工序、节约能源消耗的先进轧钢技术。它能通过工艺手段充分挖掘钢材潜力，大幅度提高钢材综合性能，给冶金企业和社会带来巨大的经济效益。由于它具有形变强化和相变强化的综合作用，所以既能提高钢材强度又能改善钢材的韧性和塑性。

长期以来作为热轧钢材的强化手段，或是添加合金元素，或是热轧后进行最终热处理。这些措施既增加了成本又延长了生产周期；在性能上，多数情况下是在提高了强度的同时降低了韧性及焊接性能。控制轧制与普通热轧不同，其主要区别在于它打破了普通热轧只求钢材成形的传统观念，不仅通过热加工使钢材得到所规定的形状和尺寸，而且要通过钢的高温变形充分细化钢材的晶粒和改善其组织，以便获得通常需要经常化处理后才能达到的综合性能。因此，从工艺效果上看，控制轧制既保留了普通热轧的功能，又发挥出常化处理的作用，使热轧与热处理有机结合，从而发展成为一项科学的形变热处理技术和节省能源的重要措施。

控制轧制是在热轧过程中通过对金属加热制度、变形制度和温度制度的合理控制，使热塑性变形与固态相变结合，以获得细小晶粒组织，使钢材具有优异综合力学性能的轧制新工艺。对低碳钢、低合金钢来说，采用控制轧制工艺主要是通过控制轧制工艺参数，细化变形奥氏体晶粒，经过奥氏体向铁素体和珠光体的相变，形成细化的铁素体晶粒和较为细小的珠光体球团，从而达到提高钢的强度、韧性和焊接性能的目的。

控制冷却是控制轧后钢材的冷却速度达到改善钢材组织和性能的新工艺。由于热轧变形的作用，促使变形奥氏体向铁素体转变温度（A_{r_3}）提高，相变后的铁素体晶粒容易长大，造成力学性能降低。为细化铁素体晶粒，减小珠光体片层间距，阻止碳化物在高温下析出，以提高析出强化效果而采用控制冷却工艺。控制轧制和控制冷却相结合能将热轧钢材的两种强化效果相加，进一步提高钢材的强韧性和获得合理的综合力学性能。

由于控轧可得到高强度、高韧性、良焊接性的钢材，因之控轧钢可代替低合金常化钢和热处理常化钢做造船、建桥的焊接构件、运输、机械制造、化工机械中的焊接构件。目前，控轧钢广泛用于生产建筑构件和生产输送天然气和石油的大口径钢管。

Nb、V、Ti 元素的微合金钢采用控制轧制和控制冷却工艺将充分发挥这些元素的强韧化作用，获得高的屈服强度、抗拉强度、很好的韧性、低的脆性转变温度、优越的成型性能和较好的焊接性能。

根据控制轧制和控制冷却理论和实践，目前，已将这一新工艺应用到中高碳钢和合金钢的轧制生产中，取得了明显的经济效益。

但是在针对某些钢种进行控制轧制时，由于要求低温变形量较大，也给轧制工艺及设备能力的设计带来了挑战。如在中厚板轧制时加大了轧机负荷，对轧辊辊身强度提出了更高的要求。而由于要严格控制变形温度、变形量等参数，因此要有齐全、灵敏的测温、测压、测厚等测试技术和设施；为了有效地控制轧制温度，缩短冷却时间，还必须使用具有较强冷却能力的冷却设施，以加大冷却速度。另外，控制轧制并不能完全满足所有钢种、规格对性能的要求。

9.2　金属的强化

位错的存在使得金属内部晶格发生了畸变，从而增大了变性抗力，阻碍金属的塑性变形，增大了金属材料的强度。由此可见，金属的强化和增加位错密度是有着必然联系的。根据位错运动障碍种类、位错与位错运动相互作用，分析造成金属强化的方式。

9.2.1　固溶强化

固溶强化是采用添加溶质元素使固溶体强度升高所产生的强化现象。按溶质原子的存在形式分可分为间隙固溶体和置换固溶体；按溶质的溶解度分可分为有限固溶体和无限固溶体。其强化机理是利用溶质原子溶于铁基造成晶格畸变，使得金属基体强度增加，造成溶质原子及运动位错增多导致位错运动受阻，强度增加。根据大量的实验结果发现固溶强化的影响因素包括：

（1）无限固溶时各占 50%强度最大，有限固溶时达到最大溶解度时强度最大，即固溶度大小的影响。

（2）溶质的饱和溶解度越小，强度效果越好，如图 9-1 所示。

（3）间隙固溶（C、N、B 等）较置换固溶

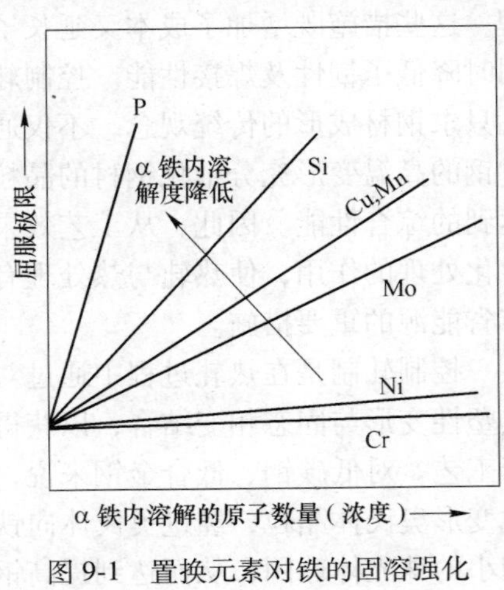

图 9-1　置换元素对铁的固溶强化

（Mn、Si、P 等）强化效果好。

（4）溶质与基体原子大小差异大，强化显著。

实验发现钢中 Mn、Si、P、Ni、Cu、Cr 可形成置换固溶体，C、N 形成间隙固溶体；而含碳量的增加将会降低钢的韧性和可焊接性能。

9.2.2 形变强化

形变强化是由塑性变形导致位错运动受阻，且位错密度增殖所引起的，特别是冷变形导致的加工硬化。其影响因素主要体现在位错类型、数量、分布、晶格类型、合金化、晶粒度及取向、沉淀颗粒等方面。实验证明奥氏体钢形变强化高于体素体钢或铁素体加珠光体钢，如图 9-2 所示。

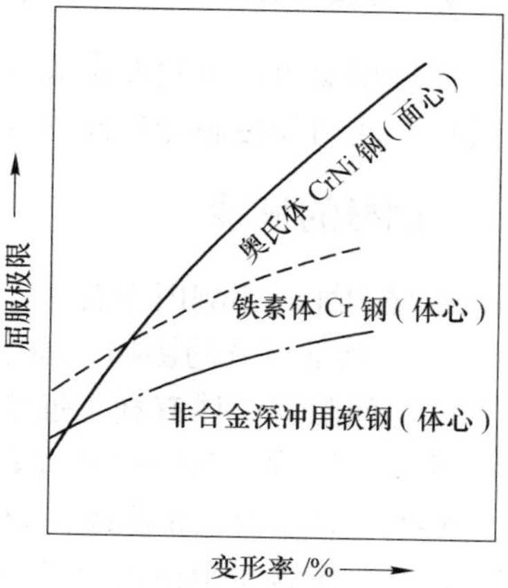

图 9-2 不同结构钢的强化状态

9.2.3 沉淀强化与弥散强化

细小的沉淀物分散于基体之中，阻碍位错运动而产生强化的作用是沉淀强化。所说的弥散强化为外加质点，而沉淀强化则为内生沉淀相，这就是两者的区别。沉淀强化是位错与颗粒间的相互作用产生的强化，其影响因素主要表现在：

（1）第二相质点越小，分数越大，强化效果越大。

（2）第二相质点本身强度大则强化效果好。

（3）沉淀颗粒弥散分布比分布在晶界处好，球状比片状好。

（4）亚晶的形成有利于强化。

需要说明的是沉淀颗粒长大不利于强化。几种软钢的晶体尺寸和下屈服点的关系如图 9-3 所示。

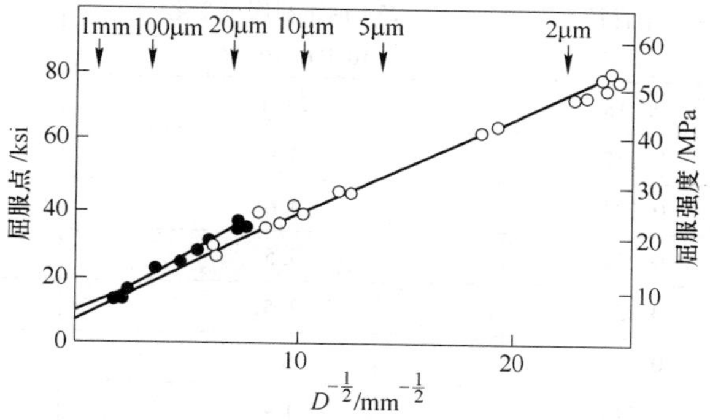

图 9-3 几种软钢的晶体尺寸和下屈服点的关系

9.2.4 细晶强化

晶粒越小，晶界面积越大，晶界阻力也就越大。晶粒细化对 σ_s 的提高大于对 σ_b 的提高，因而会使 σ_s/σ_b 增大。

9.2.5　亚晶细化

低温加工时，材料会发生动态、静态回复形成亚晶，亚晶的出现增大了位错密度；同时部分亚晶位相差异较大也会阻碍位错运动。

9.2.6　相变强化

通过相变而产生的强化效应称为相变强化。相变强化的形成是在钢中添加微量元素，通过控制轧制和控制冷却使钢获得不同的基体组织来提高钢的强度。

9.3　钢材的韧性

钢材韧性的影响因素有：

（1）化学成分的影响。固溶体是材料发生晶格畸变，在提高强度的同时会使材料的韧性下降。间隙固溶体有利于强度增加，但是韧性下降。置换固溶体的强化效果差些，但对韧性几乎不影响。钢中的 P 元素导致材料产生回火脆性，造成冷脆现象，是有害元素，使得材料的韧性下降。S 形成夹杂，产生热脆，也属于有害元素。钢中的 C 元素形成间隙固溶体，在一定含量范围内会使钢的强度增大，韧性下降。Mn、Cr 形成置换固溶体，对韧性损害小，可细化晶粒，增大韧性。Nb、V、Ti 三种元素可以细化奥氏体、铁素体，与 C、N 形成固溶体，对韧性影响较大。

（2）气体和夹杂物的影响。一般来说钢中的氢、氧、氮气对韧性是有害的，钢中主要夹杂物有氧化物、氮化物等。目前大多采用冶炼、浇注中的新工艺，如搅拌、真空冶炼、炉外精炼、炉外脱气等降低钢中气体和夹杂物的含量；另外还通过调整钢的成分减轻夹杂对钢韧性的不良影响，如加 Mn 除 S，但 MnS 的产生会引起钢板横向和纵向的韧性差异，造成横向韧性较差，见表 9-1。

表 9-1　合金元素对工业纯铁脆性转变温度和屈服强度的影响

溶质原子	原子直径 /nm	25℃时下屈服点变化 /10^7Pa · 原子%$^{-1}$	冲击韧性转变温度变化 /℃ · 原子%$^{-1}$
P	0.218	21.1	130，300①
Pt	0.277	4.9	−20
Mo	0.272	3.6	−5
Mn	0.224	3.5	−100
Si	0.235	3.5	25
Ni	0.249	2.1	−10
Co	0.249	0.4	—
Cr	0.249	0.0	−5
V	0.263	−0.2②	—

① 炉冷为 130℃，空冷为 300℃；

② 由于排除间隙原子而软化。

（3）晶粒细化的影响。晶粒的细化增大了晶界面积，达到强化的目的，同时也增加了塑性；与此同时加大阻止了位错运动及裂纹的扩展，使韧性增加。

（4）沉淀析出的影响。沉淀析出使钢的强度增大，但却破坏了基体连续性且导致基体畸变，使脆性转变温度增高，塑性下降。可以通过加入微量元素 Ni、V、Ti 起到细化晶粒的作用，以提高钢的强韧性。

（5）形变的影响。形变导致位错塞积，易形成裂纹，使塑性、韧性下降。

（6）相变组织的影响。控轧控冷技术可获得不同组织，形成不同的强韧度。

实际生产中为获得最佳综合性能，强化机制可以综合利用。常用方法是细粒细化与析出强化（相变强化）相结合，通过对钢材进行成分控制和轧制生产中的控轧控冷工艺相结合。

9.4 轧制时钢的奥氏体形变与再结晶

9.4.1 热变形中的 A 体的动态再结晶

“热变形”含有两个因素，即：变形温度在金属的奥氏体区内，再就是金属发生动态变化。

热变形在奥氏体区内进行，那么首先要将钢加热到奥氏体区，通过形核、晶粒长大、碳化物溶解和成分均匀化等四个过程完成钢的奥氏体化。与此同时，钢在高温区（再结晶区）承受轧制压力发生变形，由于变形量的差异，在这种动态条件下其再结晶过程必然会随之改变。

9.4.1.1 热变形过程中的奥氏体再结晶行为

钢的强韧化取决于冷、热变形的综合效果。那么，钢在热加工变形时是否会产生冷变形效果，即加工硬化现象就是一个值得研究的问题。研究表明，根据整个热轧过程变形量的变化特点从微观角度分析，随着变形量的变化，钢内部的畸变能变化并非呈正态分布，表现出变形时真应力值并不总随真应变值的增加而增加，但当完成一轮再结晶时，变形应力会降至最低点。

9.4.1.2 奥氏体热加工真应力-真应变曲线分析

前面分析，随着变形量的增加，钢内部位错密度也在增加，造成材料内部应力增大。热轧时奥氏体的变形与应力之间的关系可以用 σ-ε 曲线表示（见图 9-4），分为变形的 3 个阶段。

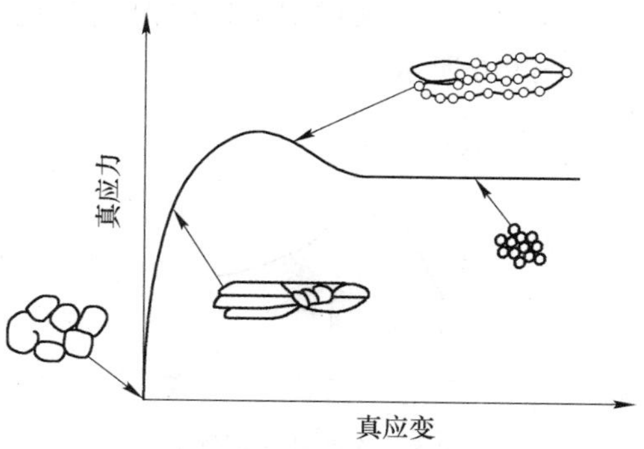

图 9-4　奥氏体热加工真应力-真应变曲线与材料结构变化示意图

第一阶段：应力随应变的增加而增大。

在这一阶段，轧制变形量较小，随着变形量的增加变形抗力增大，显现出位错密度增加，直至变形抗力达到最大值，这个过程实际上就是加工硬化过程。另一方面，变形导致的位错运动使得部分位错消失或重新排列造成了奥氏体的动态回复；且随着变形量的加大位错重组产生亚晶界，形成动态多边形化且发生位错增殖，使畸变能增加，为再结晶提供了能量来源，即为实现动态再结晶，促成材料的软化做准备。综上分析，不难理解在此阶段钢的热变形过程是伴随有加工硬化和动态回复的过程，变形量的变化直接影响着位错的增殖与消失。变形量越大，畸变能也就越大，越有利于动态再结晶的实现。但这一阶段的总趋势是硬化大于软化，因此在此阶段，随变形量增加，变形抗力增大，但变形应力增加趋势渐缓，速度渐慢，直至为零。

第二阶段： 产生动态再结晶。

在第一阶段出现的硬化导致材料产生了畸变能，当畸变能增大到一定值后，奥氏体便会发生动态再结晶转变。材料在这一阶段也将随着更多位错的消失而使软化加快，同时应力降低直至全部再结晶，变形抗力降至最低点。动态再结晶的出现加大了软化效果，位错的消失大于位错增殖。但是随着位错消失，软化速度减慢，并逐渐与硬化速度达到平衡。当一轮动态再结晶结束时，变形应力将达到最低点。

发生动态再结晶所必需的最低变形量（ε_c），称为动态再结晶临界变形量。动态再结晶临界变形量几乎与真应力-应变曲线上应力峰值所对应的变形量相等（ε_p），其关系式见式（9-1），ε_p 的大小与钢的奥氏体成分和变形条件（变形温度、变形速度）有关。

$$\varepsilon_c \approx 0.83\varepsilon_p \tag{9-1}$$

式中　ε_c——动态再结晶临界变形量；

　　　ε_p——应力峰值变形量—最大应力对应的变形量。

值得注意的是，热变形中产生动态再结晶是始终随着辊缝的减小不断进行的，当变形量逐渐增大时，发生过再结晶的新晶粒也随之参与变形，并再次经历加工硬化、动态回复、动态再结晶的过程，周而复始。由于变形中动态再结晶发生在变形晶粒上（辊缝处），而轧制中变形带的存在意味着变形晶粒的存在，所以加工硬化始终存在。显然，动态再结晶并不能真正地完全消除加工硬化，因此，金属材料的变形抗力是高于未变形前退火状态的变形抗力的。

第三阶段： 连续动态再结晶与间断动态再结晶。

第一轮动态再结晶后，应力-应变曲线上出现变形量不断增加而应力值基本不变，呈稳态变形的现象被称为连续动态再结晶，如图 9-5 所示。

若应力随变形量增加出现波浪式变化，呈非稳态变形，这种现象即为间断动态再结晶，如图 9-6 所示。

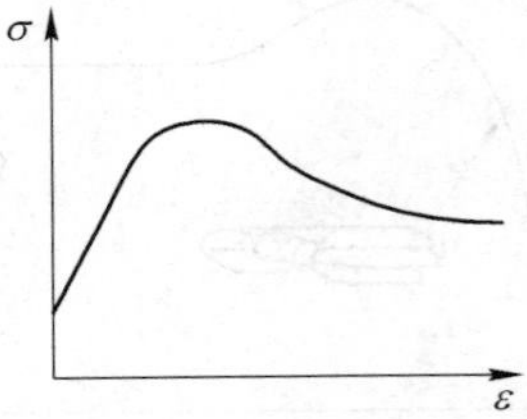

图 9-5　连续动态再结晶

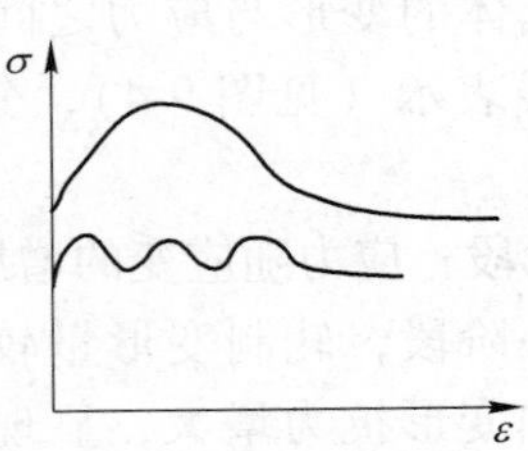

图 9-6　间断动态再结晶

材料发生连续动态再结晶还是间断动态再结晶取决于 ε_c 和 ε_r 的大小，ε_c 是奥氏体发生动态再结晶的变形量；ε_r 是产生动态再结晶核心到完成一轮再结晶所需要的变形量。受金属成分的影响，完成动态再结晶的所需要的变形量及先后不同，可能 $\varepsilon_c<\varepsilon_r$，也可能 $\varepsilon_c>\varepsilon_r$。当成分、温度、速度适当时，变形量增加的过程是再结晶不断循环的过程，即：由 ε_c 达到 ε_r 经历多次循环。可以理解当 $\varepsilon_c<\varepsilon_r$ 时，所有晶粒完成第一轮再结晶的先后不同，首批完成的变形量已达到 ε_c，且向第二轮再结晶发展。因此，全部晶粒一个完整的再结晶过程是多批晶粒在变形中完成若干轮再结晶的综合结果，此起彼伏，呈连续过程。这说明奥氏体再结晶速度比较快，一次晶粒（基体）变形，再结晶二次晶粒（再结晶晶粒）也变形，最终形成连续动态再结晶。

若当 $\varepsilon_c>\varepsilon_r$ 时，即 ε_r 较小，首批晶粒可以很快完成第一轮动态再结晶，产生新晶粒。新晶粒要发生第二轮再结晶需达到 ε_c 方可实现，而在两轮之间由于新晶粒的动态回复无法抵消加工硬化，使应力值增大，出现应力波浪，呈间断进行。这说明一次（基体）晶粒变形，再结晶二次晶粒因未达到 ε_c 而无法实现二次再结晶，使得 σ-ε 是波动的，呈间断再结晶。

由此可见，变形条件（变形温度、变形速度）决定了动态再结晶的发生。变形温度越高，或变形速度较小时呈非稳态间断动态再结晶，如图 9-7 所示。

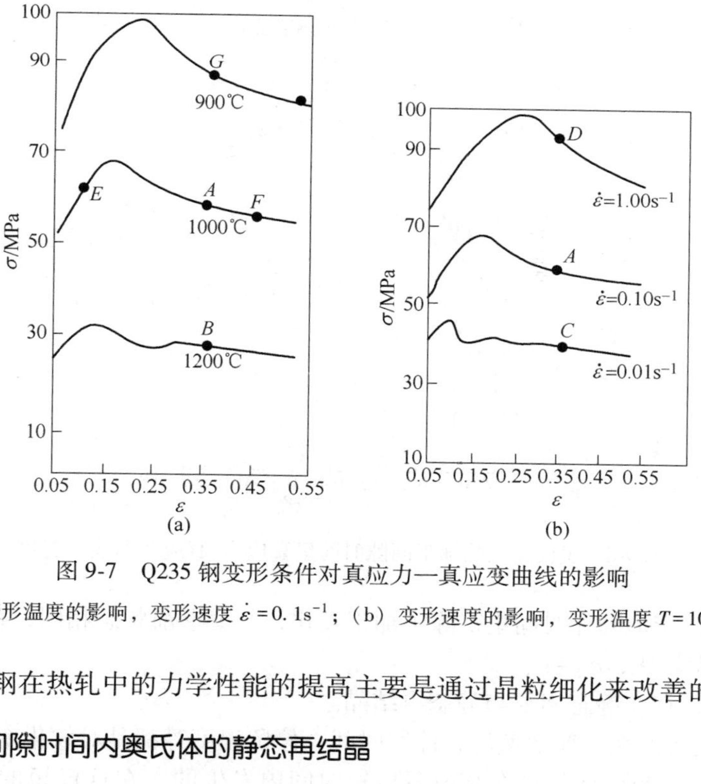

图 9-7　Q235 钢变形条件对真应力—真应变曲线的影响

（a）变形温度的影响，变形速度 $\dot{\varepsilon}=0.1\text{s}^{-1}$；（b）变形速度的影响，变形温度 $T=1000$℃

综上所述，钢在热轧中的力学性能的提高主要是通过晶粒细化来改善的。

9.4.2　热加工间隙时间内奥氏体的静态再结晶

9.4.2.1　热加工间隙的静态再结晶机理

热加工间隙或冷却中，为消除加工过程中产生的加工硬化，材料组织结构发生的回复、再结晶现象称为静态回复、静态再结晶。

静态再结晶核心的形成通常在晶界和夹杂与基体的界面上，当温度较低，变形量较大时其形核会在晶内形变带或亚晶上，即在畸变能较大的位置上形核，且分布不均。由于轧制时位错密度急剧增大并产生攀移形成了亚晶，且形变诱发晶界迁移。这样在变形量较小时，因为变形不均导致相邻晶粒位错密度不同，位错密度低的会向位错高处突然移动而形成核心，这就是静态再结晶的形核。由此可见，变形量小会促成亚晶的形成，使得晶界面积增大；变形量大促成位错增殖，则有利于亚晶的大量形成。

9.4.2.2　静态再结晶的影响因素

综上分析，钢材成分、原始晶粒度等因素一定的情况下，不同的轧制温度和变形量，会直接影响到静态再结晶的发生。

金属再结晶过程实际上就是一个转化过程，用两次变形间奥氏体软化的数量（$\sigma_1-\sigma'_y$）与（$\sigma_1-\sigma_y$）之比表示其软化率，以 X 表示，则：

$$X=(\sigma_1-\sigma'_y)/(\sigma_1-\sigma_y) \tag{9-2}$$

式中 X——软化率（软化百分数）；

σ_y——奥氏体屈服应力；

σ_1——变形量为 ε_1 后的应力；

σ'_y——变形量为 ε_1 后恒温停留一定时间后的应力，如图 9-8 所示。

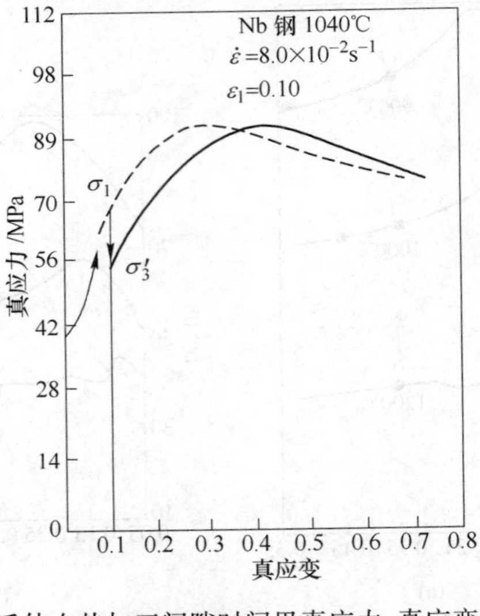

图 9-8　奥氏体在热加工间隙时间里真应力-真应变曲线的变化

当 $X=1$ 时，变形间隙时间里消除了加工硬化，与变形前状态相同，存在静态再结晶。

$X=0$ 时，无软化，$\sigma_1=\sigma'_y$。

$X=0\sim1$ 时，存在静态回复与静态再结晶。

变形量、变形温度、变形速度、停留时间、停留温度等都是对软化率的影响因素。

热加工后的静态再结晶是在高温下极短时间内发生的。在这极短的时间里，能够促成静态再结晶发生的驱动力是热变形所产生的畸变能。能否发生静态再结晶，静态再结晶的发展速度以及是否在高温下就一定能够发生大量的静态再结晶都与畸变能的贮存量有关。

A　变形量的影响

实例分析：0.68%C 的钢在不同变形量下高温变形后，在 780℃保温停留（变形温度、变形速度、停留温度固定）（见图9-9）两图 a、b、c、d 对应。

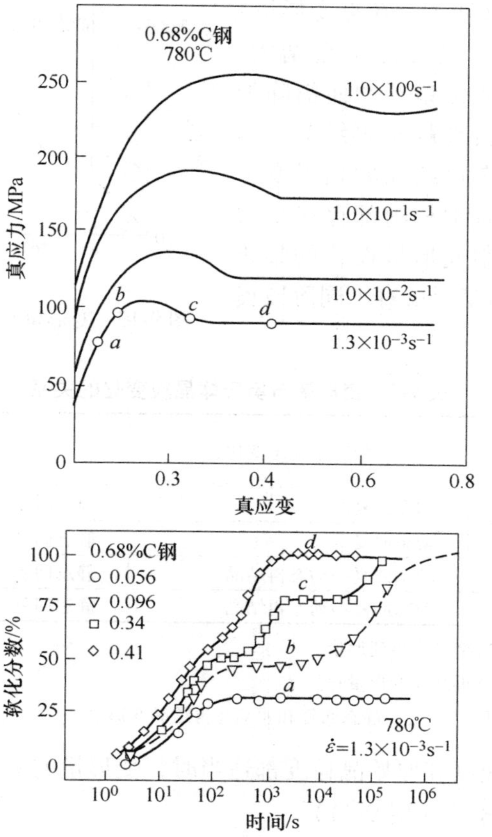

图9-9　软化行为受应变量影响曲线

○▽□◇—真应变值；

a 点—$\varepsilon_a \approx 0.1$；100s内软化率30%，之后无继续软化，70%加工硬化遗留，仅存在静态回复，无再结晶，相当于退火；

b 点—$\varepsilon_b = 0.15$；100s $X=45\%$ 产生静态回复；高温保温后，曲线上升，潜伏后继续软化——产生静态再结晶 $X=1$；

c 点—$\varepsilon_c = 0.33$；曲线分为三阶段：第一阶段：静态回复阶段；第二阶段：无潜伏期的（次）亚动态再结晶及一次动态再结晶核心长大；第三阶段：一定潜伏期后的静态再结晶阶段；（次）亚动态再结晶——变形中为动态再结晶，变形后动态再结晶延续；

d 点—$\varepsilon_d = 0.4$；曲线分为两个阶段：静态回复阶段：因为变形量大，变形应力超过 σ_{max}，达到一定值，硬化率与软化率达到平衡；当变形一停止，高温下，在原动态再结晶基础上开始软化，曲线斜率加大，即表现出发生了快速的静态回复；次动态再结晶阶段：由于动态再结晶形核多、无潜伏期，晶核快速长大，消除了全部硬化。此阶段不产生静态再结晶。

以上，轧制变形量与以下3种软化类型有关（见图9-10）：

（1）Ⅰ区，静态回复软化；

（2）Ⅱ区，亚动态再结晶软化；

（3）Ⅲ区，静态再结晶软化。

图 9-10 中阴影区（$ABCD$）：当变形量小于静态再结晶的临界变形量 ε_L（B 点变形量）时，随着变形量的增加，畸变能也会增大，但不会大到足以使大多数位错开动而消除加工硬化，当然也就无法实现静态再结晶。因此，轧制变形量小于静态再结晶的临界变形量不利于钢的软化，同时钢材内部存在粗大晶粒。这个区域属于轧制变形量设置的禁止区域。表 9-2 总结了轧制变形量对不同阶段奥氏体晶粒变化的影响。

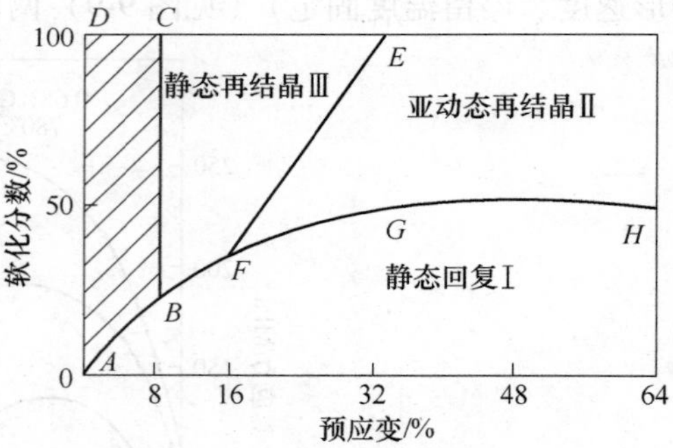

图 9-10　变形量与 3 种静态软化类型的关系

表 9-2　变形量与奥氏体晶粒变化的关系

序号	热变形量 ε_1/%	加工中动态变化	间隙中静态变化
1	$<\varepsilon_L$	动态回复	静态回复
2	$\varepsilon_L<\varepsilon_1<\varepsilon_E$	动态回复	静态回复→静态再结晶
3	$\varepsilon_E<\varepsilon_1<\varepsilon_w$	动态回复→动态再结晶	静态回复→亚动态再结晶→静态再结晶
4	$\varepsilon_1>\varepsilon_w$	动态回复→动态再结晶	静态回复→亚动态再结晶

注：B 点变形量 $=\varepsilon_L$：静态再结晶临界变形量；
F 点变形量 $=\varepsilon_E$：亚动态再结晶变形量；
E 点变形量 = 稳定阶段开始的 ε_w：静态回复和亚动态再结晶变形量。

当轧制中的温度、速度和原始晶粒度都适当时，变形量的变化就是主要因素。

B　变形温度的影响（见图 9-11）

实例分析：Q345 钢，950℃以上轧制，完全再结晶软化；
800~950℃间轧制，部分再结晶；
800℃以下至产生静态回复，无再结晶。

在变形量相同时，变形温度越高，畸变能越小。

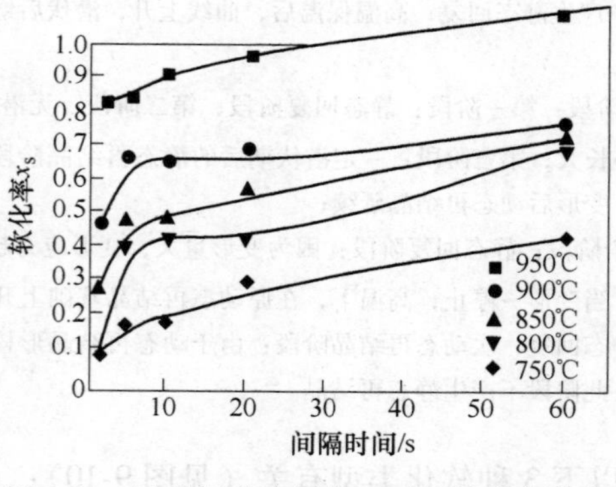

图 9-11　试验钢道次间静态再结晶软化曲线

C　不同成分受变形温度的影响

实例分析：以硅-锰钢和铌（0.38%）钢进行对比。

条件：在不同温度下轧一道次，3s 内淬火，观察。

变形温度、成分与奥氏体晶粒变化的关系见表 9-3。

表 9-3 变形温度、成分与奥氏体晶粒变化的关系

温度/℃	ε_s 碳钢/%	温度/℃	ε_s 铌钢/%
<1000	>10	< 1050	> 30
>1000	< 10	> 1050	< 20

归纳数据说明：

（1）随轧制温度的提高，材料的静态再结晶临界变形量减小。碳钢的 ε_L 较小，且对变形温度的依赖较小；铌钢的 ε_L 较大，对变形温度的依赖较大，会在 950℃ 以下，完全抑制再结晶。

（2）原始晶粒度。晶粒大的 ε_L 小；晶粒小的 ε_L 大。

（3）待钢时间。热变形后，在奥氏体区等温保持一段时间，或较慢速度冷却，有利于再结晶，使 ε_L 减小。

上述分析表明在变形量相同时，变形温度越高，畸变能越小；材料的原始晶粒度越粗大，畸变能则越小。

总结轧制过程中奥氏体的变化，见表 9-4。

表 9-4 轧制过程中奥氏体的变化

轧制状态	组织变化
高温下， 轧制过程中	动态回复 动态再结晶
较低温度下轧制 （未再结晶区）	动态回复
轧制间隙中	静态回复 静态再结晶

那么，纵观轧制过程对材料组织的控制，实际上就是要在轧制变形中通过对变形温度、变形量（动态再结晶临界变形量 ε_c、完全再结晶变形量 ε_r）、晶粒度的控制使得钢产生晶粒细化，在待轧阶段通过对静态再结晶临界变形量 ε_L 的控制促成钢的静态再结晶，以达到进一步细化晶粒的目的。以上便是控制轧制的实质。

9.5 控制轧制的强化机理

9.5.1 对微合金元素的控制

在控制轧制中通常加入 Nb、V、Ti 等微合金元素（合金总量不大于 0.1%），其主要原因是这些微合金元素易与 C、N 形成化合物，且满足控轧对微合金元素的要求。即：在加热温度范围内具有部分溶解或全部溶解的足够溶解度，在加工及冷却时析出可控大小的质点，并满足加热时阻碍奥氏体晶粒长大，低温时可析出强化。这样对通过控制轧制对钢性能的影响显然优于普通轧制的影响，见表 9-5。

表 9-5　常规轧制与控制轧制性能比较

钢的成分/%（质量分数）	常规轧制		控制轧制	
	σ_s/MPa	FATT/℃	σ_s/MPa	FATT/℃
0.14C+1.3Mn	313.9	+10	372.7	-10
0.14C+0.03Nb	392.4	+50	441.3	-50
0.14C+0.08V	421.8	+40	451.1	-25
0.14C+0.04Nb+0.06V			490.3	-70

热轧前微合金元素会在加热过程中溶解。钢中含碳量越低，钢的温度升高，或钢中的含锰量较高都会加大 Nb 在奥氏体中的溶解度；而 V 在奥氏体中的溶解度比 Nb(C，N) 大很多，同时 Mn 可大大促进 V 的溶解。Ti 在碳锰钢奥氏体中的溶解度与 Nb(C，N) 相似。一般在轧制温度范围内，各化合物溶解度由低到高为 TiN、AlN、NbN、TiC、VN、NbC、VC（其中 TiN 最难溶，1250℃以上还有稳定的细小颗粒）。

控制轧制的关键点是通过晶粒细化和析出强化控制促成钢的强韧化，而影响碳氮化合物析出的因素有加热温度（奥氏体化温度）；变形条件（变形温度、变形量、变形速度、轧制道次等）以及材料成分。

首先各阶段中 Nb(C，N) 的析出状态表现为出炉前质点在 1200℃保温 2h 后仍有未溶 Nb(C，N) 颗粒，1260℃以上可全部溶解。出炉后冷却至轧前化合物的析出量受过饱和度影响，过饱和度越大，析出就越多（同一温度下）；化合物最终的析出取决于形核条件、合金元素的扩散速度、过冷度、畸变能等多个因素。在奥氏体变形前几乎没有 Nb(C，N) 析出，如图 9-12 所示。奥氏体在变形中会出现 Nb(C，N) 的动态析出和变形后停留时间里的静态析出。一般会随着轧后停留时间的增长而析出量越多，但实际生产是受到间隙时间限制的。实验测试，900℃左右 Nb(C，N) 析出最快，高温、低温时析出都慢（C 曲线在 900℃时孕育期最短）。轧制中畸变能的变化首先满足动态回复与再结晶，高温时推动析出的畸变能较少；低温时回复与再结晶达到饱和，剩余畸变能提供并推动析出。由此分析可见，高温轧制时，即在奥氏体再结晶区轧制，在奥氏体晶界处析出的 Nb(C，N) 析出颗粒较大。低温轧制是，即在奥氏体未再结晶区轧制，在晶界、晶内、亚晶界处析出的 Nb(C，N) 颗粒较细。轧后冷却中随变形温度降低，变形量越大，则析出越快。因此，低

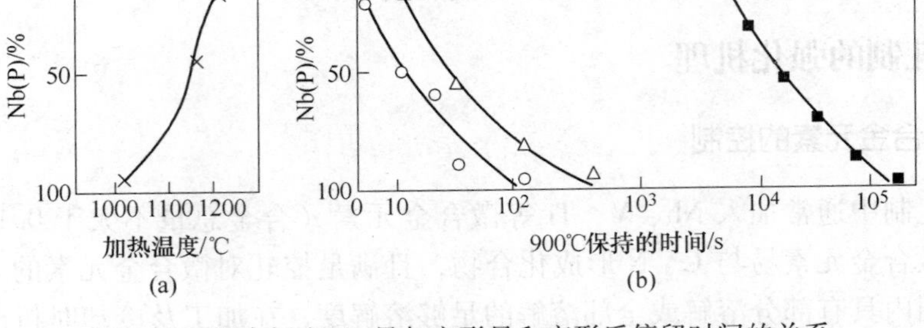

图 9-12　钢中析出 Nb 量与变形量和变形后停留时间的关系

Nb(P) —在沉淀相中的 Nb 量占钢中 Nb 量的百分数；

■—未变形的奥氏体；△—变形量 43%；○—变形量 73%

温轧制，采用大变形量有利于Nb(C，N)析出且细化，提高钢的强韧性。

Nb(C，N)的析出不单表现在奥氏体区内，在奥氏体与铁素体的转化过程中和在铁素体内也存在。当奥氏体向铁素体相变时，Nb(C，N)沿奥氏体与铁素体相界处形核，并成列状析出。Nb(C，N)一般主要以无规则地在位错线上和基体上沉淀的形式析出。析出颗粒的大小与排间距、冷却速度、转变完成温度及转变完成时间有关。主要表现为冷速越大，过冷度越高，则析出温度低，排间距小，质点颗粒细，长大也慢。且析出时间长，则质点大。

在铁素体形成时钢材已处于轧后冷却阶段。因此，冷速快，质点长大不明显，有利于强化；但冷速过快，不利于Nb(C，N)在F体中析出，反而会降低强化效果。所以，在控轧控冷时，应合理确定快冷的终冷温度，适时空冷、缓冷或保温，以确保沉淀析出时间。

总结以上分析可以看出，影响Nb(C，N)析出的因素首先在于变形量和析出时间，大变形量下随时间增长则析出量增加，但很快达到饱和，如图9-13所示。再就是变形温度的影响，低变形温度下有利于析出且析出快（奥氏体未再结晶区利于析出）。除此之外在析出时间控制的共同作用下，钢的成分会引起Nb(C，N)析出量的差异，时间越长析出量越多，见表9-6。

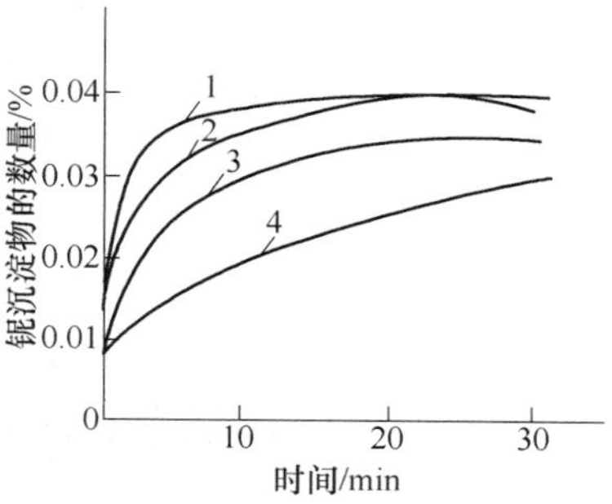

图9-13　在含有0.06%C、0.041%Nb和0.0040%N的钢中，变形量对沉淀的影响
1—67%变形；2—50%变形；3—33%变形；4—17%变形

表9-6　Nb(C，N)析出特点

析出时机	析出物特点	质点大小/nm
加热后	固溶于A后的剩余化合物	>100
轧制前	析出数量很少，析出部位在晶界	30~100
在A区中变形时	有孕育期，形变诱导析出，动态析出，析出数量少，析出部位在位错密度高处	5~7
在变形后的停留时间里（直至相变前）	形变诱导析出的继续，析出量大，主要析出在晶界、亚晶界、变形带、位错处	~20（在A再结晶区变形后）；5~10（在A未再结晶区变形后）
A→F相变中	在A/F相界面上或F相内成列状沉淀和无规则沉淀	5~10
F相区	位错上，F相内	<5

9.5.2　微合金元素在控制轧制和控制冷却中的作用

微合金元素的作用为：

（1）加热时阻止A体晶粒长大。若奥氏体原始晶粒粗大，则轧后晶粒粗大，则力学性能会下降；为了解决这个问题，在钢中适量地加入Nb、V、Ti以阻止晶粒长大。微合金元素可以与钢中基体元素形成化合物，在钢中起到钉扎作用。阻止境界迁移，防止晶粒长大，提高粗化温度。经实验比较Al、Nb、Ti对奥氏体晶粒长大的阻止效果递增。

（2）抑制奥氏体再结晶。实验结果分析由于微合金元素固溶及碳氮化合物的产生，会抑制奥氏体动态再结晶（见图 9-14 含合金元素的钢种应力峰值最大），同时推迟奥氏体再结晶，扩大奥氏体未再结晶区（见图 9-15）（Nb 的作用比 Ti 大）。微合金元素对于再结晶温度的影响表现在提高奥氏体再停止温度，且使得奥氏体未再结晶区扩大。

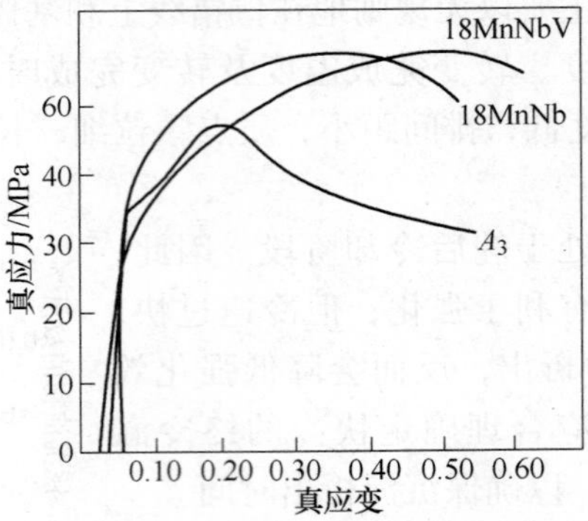

图 9-14　试验用钢 1000℃所必需的变形时真应力-真应变曲线

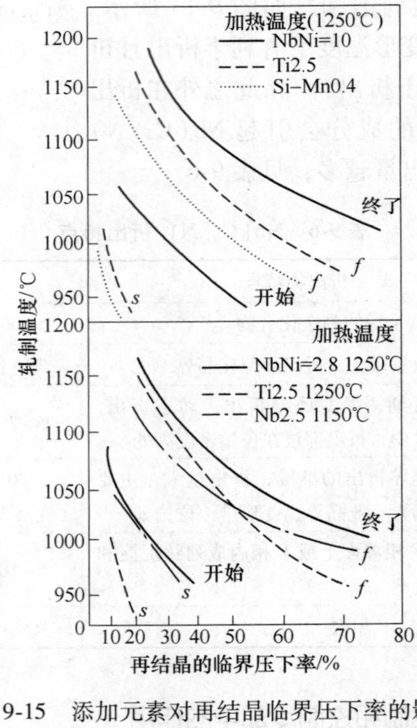

图 9-15　添加元素对再结晶临界压下率的影响

微合金元素量的增加还会造成再结晶数量急剧下降。对于再结晶速度通常微合金元素推迟再结晶开始时间及完成时间，但随含量增加，影响效果达到饱和。在再结晶晶粒大小方面，微合金元素有细化作用，且大变形量，低终轧温度有利于推迟长大时间。

显然，微合金元素起到了抑制 A 体再结晶的作用。通过轧制工艺分析其原因，主要体现在：首先加热时尚未溶入奥氏体的 Nb(C，N）是无法阻止奥氏体再结晶的；而加热时固溶入奥氏体的 Nb(C，N）在温度达到 1000℃以上时，Nb 的固溶引起位错相互作用阻止晶界迁移。轧制过程中会从奥氏体中析出的 Nb(C, N)，当温度在 900℃ 以下时，作为析出的第二相由于钉扎作用将阻止奥氏体再结晶的发生；随着第二相的析出，Nb（C, N）的量在奥氏体中减少，而奥氏体中固溶的 Nb 量少了会更进一步阻止发生再结晶。那么，在热轧中组织会发生奥氏体再结晶和形变诱导析出，两种现象同时都起作用，因此应该同时控制。由以上分析（见图 9-16），可将控制轧制分为 3 个过程，即：

1）只发生奥氏体再结晶的轧制。

2）先发生奥氏体再结晶，再在奥氏体再结晶晶界处析出的轧制。

3）先析出，使奥氏体再结晶推迟，在奥氏体未再结晶区轧制。

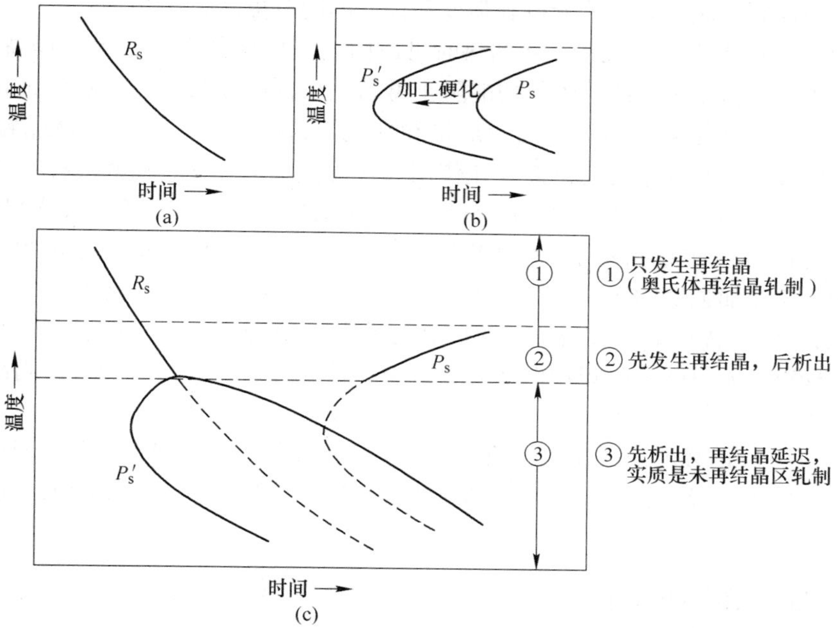

图 9-16 再结晶与 M（C, N）析出过程及相互制约过程示意图
（a）再结晶；（b）M(C, N) 析出；（c）RPTT 图（轧制—脱溶—温度—时间图）

（3）微合金元素的其他作用。在细化铁素体晶粒方面，微合金元素抑制奥氏体再结晶发生且阻止奥氏体再结晶晶粒长大，最终可以起到细化铁素体晶粒的作用，效果由 Nb、Ti、V 递减，且低温时细化明显。另外，微合金元素影响钢的强韧性能，产生钢的强韧化的组织特征是细化晶粒，沉淀析出强化。其中 Nb 对细化的影响显著，而对沉淀强化具有中等效果。其主要作用是抑制高温变形时的再结晶，扩大奥氏体未再结晶区范围，有利于在奥氏体未再结晶区多道次，大变形轧制，以利于得到细的铁素体。Ti 的影响表现在强烈阻止奥氏体晶粒长大及再结晶，且可阻止 Ti(C, N) 析出。钢中 Ti 过高，会导致析出粗大 TiN；但 Ti 过低时，也会由于无法产生足够的 TiN 而不能很好地阻止奥氏体晶粒粗化。因此，应当合理地选择 Ti、C、N 各元素含量的比例。钢中的 V 沉淀强化作用中等，细化效果较弱，而 N 可以加强 V 的影响效果（可与 Nb 结合使用）。值得注意的是 Ti 的氮化物只在高温时控制 A 体长大；V 的碳化物、氮化物在高温时全溶，对 A 体长大控制无作用，且析出强化在低温区；Ti、Nb 的化合物可在低温析出，可细化 F 体且析出强化。

除上述分析，微合金元素还具有一定的复合作用。若微合金元素N化物的析出量在轧制时较大，则抑制奥氏体再结晶的作用就大，但相变后的析出强化效果就小，其析出比例受变形温度、变形量、道次间隙时间制约。另外微合金元素的加入量应与钢中O、N、S、C等合理配合，以提高焊接性。

在控制轧制工艺中大量采用微合金元素，使之在钢中形成碳、氮或碳氮化合物，利用在不同条件下产生固溶和析出机理起到抑制晶粒长大及沉淀强化的作用。在控制轧制工艺中，前者更为重要。

机理研究表明：加入微量元素能提高强度，如不采用控制轧制工艺，钢的韧性反而变差；只有采用控制轧制工艺，才能得到强度和韧性的同时提高。

钢中加入Nb、V、Ti等元素，在加热时可以阻止奥氏体晶粒的长大，提高粗化温度，在热变形过程中，Nb、V、Ti的碳化物能阻止再结晶后的晶粒长大，使晶粒细化，扩大奥氏体未再结晶区，增加未再结晶区的变形量和轧制道次，使相变后铁素体晶粒细化。Nb能产生显著的晶粒细化和中等的沉淀强化作用。含铌量小至万分之几就很有效果。

随着Ti含量增加，将发生强烈的沉淀强化，使钢的强度提高。但是Ti含量对晶粒细化却是中等的作用，对韧性的改善效果差些。V能产生中等程度的沉淀强化和比较弱的晶粒细化作用。N能加强钒的效果。可以将钒的沉淀强化和钢的晶粒细化作用结合起来。

从细化铁素体晶粒的效果来看，Nb最为明显，Ti次之，V最差。其含量分别为$w(\mathrm{Nb})=0.049\%$，$w(\mathrm{Ti})=0.06\%$和$w(\mathrm{V})=0.08\%$较为合适；含量再增大，则细化铁素体晶粒效果并不增大。

含Nb、V、Ti钢必须采用控制轧制工艺，使晶粒细化及弥散强化，并且使铁素体数量增加、珠光体数量下降，在强度提高的同时改善韧性，使脆性转变温度降低，达到高强韧性的目的。

9.6 钢材的控制冷却理论

钢材轧后冷却的目的是为了改善钢材最终组织状态，提高钢材性能，使钢达到强韧化效果，缩短冷却时间，提高生产率。

控制冷却的实质是通过对冷却速度、冷却温度的控制，防止钢中奥氏体晶粒长大，细化铁素体，减小珠光体球团尺寸，改善珠光体形貌及片间距，达到改善性能的目的。对于热轧钢材而言，控制冷却过程实质上就是钢材的热处理过程。

9.6.1 钢材水冷过程中的物理现象

9.6.1.1 水冷时的沸腾换热现象

(1) 冷却水在带钢表面的变化，如图9-17所示。在单相强制对流区域，冷却水会垂直滴落形成层流，达到强换热效果；在核态/过渡沸腾区出现较窄范围沸腾，产生汽化散热；冷却至膜状沸腾区域内是则形成蒸汽膜，此时对散热产生阻隔作用，使得散热效果减慢；继续冷却在小液态聚集区时，蒸汽膜破裂，水滴气化或流走；最终向环境辐射和对流散热，此时钢板表面再次暴露，像空气中散热。

(2) 带钢水冷方式：

1) 喷水冷却（喷雾、喷水）。这是一种不连续（或连续）水冷却方式，由于过冷度

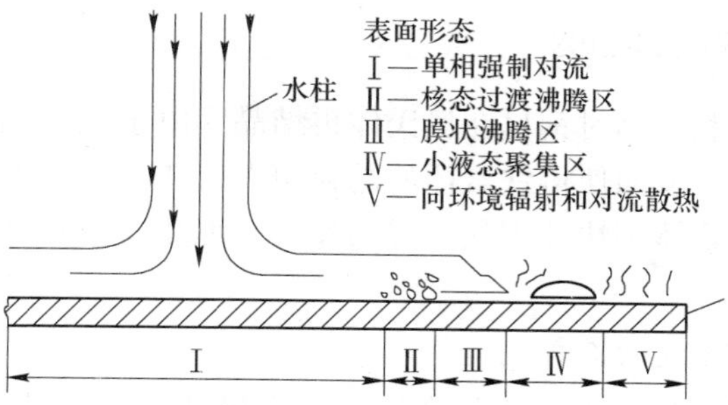

图 9-17 带钢表面局部换热区描述

大，容易形成蒸汽膜阻止散热，使冷却速度慢。

2）连续水冷（水幕、管层流）。采用低压水流冲击钢板表面，无蒸汽膜产生，冷速快。有气泡沸腾，气泡区外会形成蒸汽膜影响散热，因此边部散热较中心快（双方向散热）。

3）浸水冷却（湍流、水槽）。水量足，水压大，冷却时蒸汽膜被击破。这种方法换热效率高，冷却速度快。

9.6.1.2 主要冷却装置

（1）单相强制对流换热装置。出水口加密，大水压，无蒸汽膜。强对流，强换热。

（2）膜沸腾换热装置。采用气雾冷却，气流分散水滴使蒸汽膜不断更新，达到换热冷却目的。

（3）核沸腾换热装置。顺轧制线方向低高度喷射吹扫冷却水，形成“水枕冷却”，冷却能力极强，冷却均匀。所谓水枕冷却是指高密度喷水，高压湍流冷却，如图 9-18 所示。层流冷却如图 9-19 所示。

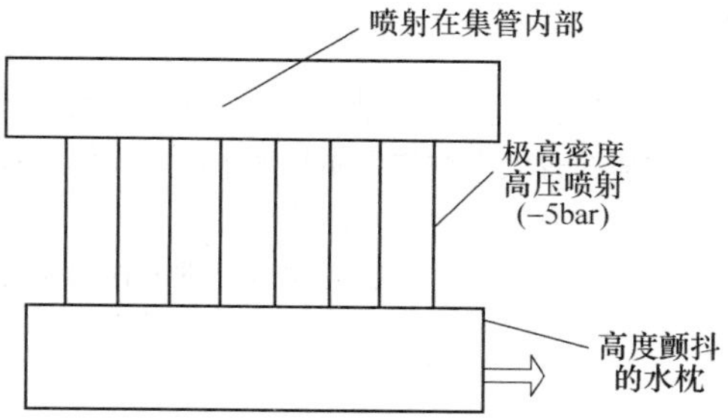

图 9-18 MULPIC 水枕系统原理

另外，带钢冷却时的散热与其自身温降散热、相变散热有关（温度的变化受冷却条件及相变和变形时摩擦等有关），这是不可忽视的。

图 9-19 层流冷却

9.6.2　控制冷却各阶段的冷却目的

受轧制条件影响，控制轧制时钢材在奥氏体再结晶区由于轧制温度较高，容易出现轧后奥氏体再结晶晶粒粗大，从而使得铁素体的晶粒粗大；在奥氏体未再结晶区，由于大变形诱导铁素体相变，若铁素体不快冷则晶粒容易长大。因此，控制冷却实际上是指轧制中间阶段的冷却和轧后冷却。

9.6.2.1　轧制中间阶段的冷却

轧制中间阶段的控制冷却是指精轧前冷却。其冷却目的是控制精轧温度和终轧温度。主要采用的冷却方式是空冷或水冷。

9.6.2.2　轧后控制冷却

轧后控制冷却的目的是在不降低材料韧性的前提下提高材料的强度；对于中高碳钢和中高碳合金钢控制冷却的目的是防止奥氏体晶粒长大，阻止 Fe_3C 网状析出，保持碳化物固溶，达到固溶强化，细化珠光体球团。这个过程实际上就是利用轧后快冷实现在线余热淬火或表面淬火自回火的热处理过程。

综上所述，控制冷却的实质是通过对开冷温度、冷却速度、终冷温度的控制对相变前的组织、相变后的产物、析出行为、组织状态进行控制，以获得良好的钢材性能。

习　题

9-1　名词解释：控制轧制，控制冷却，动态再结晶，静态再结晶，层流冷却。

9-2　如何获得大小均匀、晶粒细小的奥氏体晶粒？

9-3　控制轧制的强化机理是什么？

9-4　常用微量元素在控制轧制时分别的作用是什么？

第3篇 钢的组织性能控制工艺及设备

10 钢的热处理工艺及设备

10.1 热处理基础知识

钢的热处理根据其先后次序可以分为预先热处理和最终热处理。为了消除前边工序（铸、锻、焊）造成的某些组织缺陷及内应力，或为随后的切削加工、冷压力加工以及最终热处理做好组织和性能方面的准备进行的热处理，称为预先热处理。多数是退火、正火。而为使工件满足使用条件下的性能要求而进行的热处理，称为最终热处理，如表面淬火、淬火加回火等。

10.1.1 钢的退火

将钢加热到一定温度，保温一定时间，然后缓慢冷却下来，获得接近平衡状态的组织的热处理工艺，称为退火。退火目的是降低硬度，改善切削加工性能；消除残余内应力；均匀成分，细化晶粒；为最终热处理做准备。

退火的方式有完全退火、等温退火、球化退火、再结晶退火、去应力退火、扩散退火等。

10.1.1.1 完全退火

将亚共析钢加热到 $A_{c_3}+(30\sim50)$℃，保温一定时间，随炉缓冷至600℃以下，再出炉空冷的热处理工艺，称为完全退火。这种方法仅适用于亚共析钢，其原因在于若对过共析钢进行完全退火，将会产生珠光体加网状渗碳体，使钢的强度下降，且淬火时易产生粗大的碳化物，出现开裂。对钢进行完全退火其目的是细化晶粒；消除内应力；降低硬度便于切削加工，为最终热处理做准备。

10.1.1.2 等温退火

将钢加热到 $A_{c_3}+(30\sim50)$℃或 $A_{c_1}\sim A_{c_{cm}}$ 之间某一温度，适当保温后，以较快速度冷却到 A_{r_1} 以下，等温一定时间，使A在等温中完成转变，以降低硬度的退火，称为等温退火。这种退火方式适用于高合金钢。其优点是节省时间，钢的组织均匀。

10.1.1.3　球化退火

将钢加热到A_{c_1}+(20~50)℃，保温一定时间，然后缓慢冷却，获得球状珠光体组织的退火方法，称为球化退火。过共析钢的组织为层片状的珠光体与网状的二次渗碳体，不仅珠光体本身较硬，而且由网状渗碳体的存在，更增加了钢的硬度和脆性，这不仅给切削加工带来困难，而且还会引起淬火时产生变形和开裂，为了克服这一缺点，在热加工之后必须安排一道球化退火工艺。其目的就是使渗碳体球化，降低硬度，改善切削性能，并为淬火作组织准备。

渗碳体球化的机理是使钢由室温加热至A_{c_1}+(20~30)℃，保温2~4h后，随炉冷却到600℃后冷到常温。A体化温度较低，并缓慢冷却，当加热温度超过A_{c_1}不多时，Fe_3C开始溶解，又未完全溶解，只是将Fe_3C片熔断为许多细微状Fe_3C体，弥散在A体基体上，同时保温时间短，A体成分极不均匀，在随后的缓冷或等温过程中，以原有细小点状渗碳体为核心，或以A体中碳原子富集的地方为新的核点，成长为均匀的粒状渗碳体。对于网状渗碳体严重的过共析钢，应该在球化退火前进行一次正火，以消除网状渗碳体。

10.1.1.4　去应力退火

将钢加热到略低于A_{c_1}的温度，约500~650℃，经保温后缓慢冷却的退火方法，称为去应力退火。其目的就是要消除残余内应力。通常以3min/mm的时间进行保温，之后随炉缓冷（冷却速度不大于100℃/h）至200℃再出炉空冷。

10.1.1.5　扩散退火

将钢加热到A_{c_3}以上150~250℃（通常为1000~1200℃），保温10~15h然后随炉缓冷到350℃，再出炉冷却的退火工艺，称为扩散退火。扩散退火的目的是为了消除铸造结晶过程中产生的枝晶偏析，使钢的成分均匀化。

由于扩散退火是在高温下长时间加热，钢组织严重过热，因此，扩散退火后必须再进行一次完全退火或正火来细化晶粒，以消除热缺陷。扩散退火适用于合金钢铸锭和铸件。

10.1.2　钢的正火

将钢加热到A_{c_3}或$A_{c_{cm}}$以上30~50℃，保温一定时间，出炉后在空气中冷却的热处理工艺，称为钢的正火。钢的正火可以起到细化晶粒，提高力学性能；对$w(C)<0.25\%$的钢，可适当提高硬度，改善切削性能；消除过共析钢中二次渗碳体网，便于球化退火的作用。

正火与退火的明显不同点是正火冷却速度稍快，正火后的组织比退火细，硬度和强度有所提高，非共析钢正火时发生伪共析转变，使组织中珠光体量增多，片间距变小，通常获得索氏体组织。实际应用中，因为正火比退火生产周期短，节约能源，成本低，操作简便，所以在可能情况下应优先选择正火的方法，如图10-1、图10-2和表10-1所示。

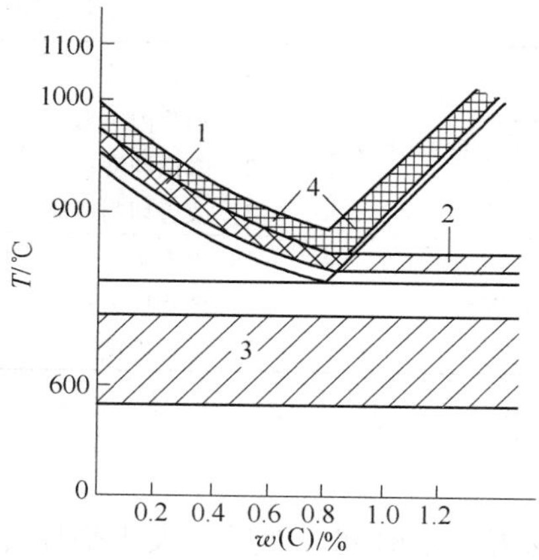

图 10-1　加热温度范围

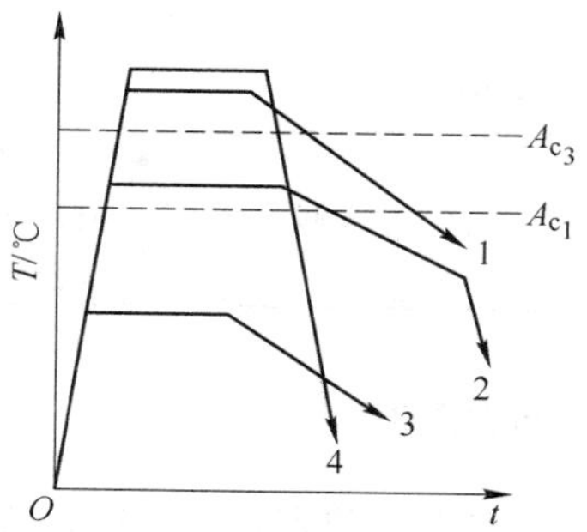

图 10-2　热处理工艺曲线

1—完全退火；2—球化退火；3—去应力退火；4—正火

表 10-1　轧钢生产常用热处理规范

名称	加热温度/℃	冷却速度/℃·h^{-1}	用　途	目　的
扩散退火	A_{c_3}+（150~200）	炉冷至 250℃ 后空冷	钢锭铸件	（1）消除成分偏析； （2）消除应力，降低硬度
完全退火	亚共析钢 A_{c_3}+（20~30） 共析钢 A_{c_1}+（20~30）	在 500~600℃ 时碳钢 100~200；合金钢 50~100	亚共析钢及共析钢的钢材金属件	（1）细化晶粒； （2）降低硬度； （3）消除应力； （4）改善组织
正火	A_{c_3}+（20~50） $A_{c_{cm}}$+（30~50）	空冷	钢材	（1）细化晶粒； （2）调整组织； （3）消除网状碳化物
纯退火	A_{c_1}+（10~20）	在 500~600℃ 以上时 20~30	共析钢及过共析钢钢材	（1）改善切削性能； （2）降低硬度消除应力； （3）消除轻微网状碳化物； （4）增加耐磨性
等温退火	退火 A_{c_1}+（20~30） 等温 A_{y_1}-（20~30）	迅速冷却到 A_r 以下 20~30℃ 长时间保温空冷	钢锭高合金钢材	（1）软化基体； （2）消除应力； （3）消除轻微网状碳化物
高温回火	A_{c_1} 以下 20~30 一般为 550~700	空冷	马氏体类钢材	（1）消除应力； （2）软化基体； （3）提高塑性及韧性
再结晶退火	再结晶温度以上一般为 650~700	空冷	完全和不完全加工硬化的钢材	（1）对冷变形后的半成品消除加工硬化； （2）对冷变形后的成品消除应力，降低硬度提高塑性； （3）对不完全热加工的钢消除部分加工硬化

续表 10-1

名称	加热温度/℃	冷却速度/℃ · h^{-1}	用　途	目　的
低温退火	A_{c_1} − （15～30） 通常为 500～600	炉冷式空冷	过共析钢高合金结构钢材	（1） 消除内应力； （2） 降低硬度； （3） 改善切削性能
不完全退火	A_{c_1}～$A_{c_{cm}}$之间	在 500～600 以上时，碳钢 100～200；高合金钢 20～60	过共析钢	（1） 改善组织； （2） 消除应力； （3） 降低硬度

10.1.3　钢的淬火

将钢加热至临界温度 A_{c_1}或 A_{c_3}以上 30～50℃，保温一定时间，然后以大于临界冷却速度的冷却速度冷至室温，获得 M 体组织的热处理工艺，称为淬火。

钢淬火的目的是为了获得马氏体组织，提高钢的硬度耐磨性。

亚共析钢淬火的加热温度是 A_{c_3}+ （30～50）℃，过高容易使奥氏体晶粒粗大，则淬火后的马氏体晶粒也粗大；若在 A_{c_1}～A_{c_3}之间，组织中有一部分先共析铁素体，则淬火后会造成钢的强度，硬度不高。对于共析钢、过共析钢加热温度为 A_{c_1}+ （30～50）℃，过共析钢在淬火加热之前，都要经过球化退火，加热到 A_{c_1}以上时，组织为奥氏体加球状渗碳体，淬火后组织为马氏体加球状渗碳体和少量残余奥氏体。

若加热到 $A_{c_{cm}}$以上，则奥氏体晶粒粗大，奥氏体含碳量高，M_s 线较低，淬火后不仅获得的马氏体较粗大，且残余奥氏体的量增多这不仅降低钢的硬度、耐磨性，而且还会增加工件变形和开裂的倾向。

10.1.4　钢的回火

将淬火钢重新加热到 A_1 以下某一温度，经保温后，冷却到室温的热处理工艺，称为回火。回火的目的是消除或降低淬火内应力，防止钢件变形或开裂。这样还可以起到稳定工件尺寸的作用。之所以对钢进行淬火后的回火，是由于淬火后钢的组织是马氏体和一部分残余奥氏体，而这些都是极不稳定的组织组成物，它们会自发地向稳定的铁素体和渗碳体或碳化物的两相混合物转变，从而引起工件尺寸和形状的继续转变，利用回火处理可以促使它充分转变到一定程度并使其组织结构稳定化。另外通过回火还可以获得钢件所需的组织和性能。淬火后，硬度高而脆性大，可通过适当回火的配合来调整硬度，减小脆性，得到所需要的韧性、塑性。

10.1.4.1　淬火钢回火时组织转变和性能的变化

A　回火时组织的转变

第一阶段：马氏体分解（<200℃）。

受温度的影响马氏体开始分解，过饱和碳原子析出形成 ε 碳化物（$Fe_{2.4}C$ 密排六方晶格），ε 碳化物不是一个平衡相，而是向 Fe_3C 转变前的一个过渡相，形成过饱和 α 固溶体+弥散的 ε 碳化物组织，称为回火马氏体。

第二阶段：残余奥氏体的分解（200～300℃）。

随着温度的升高马氏体继续分解，残余奥氏体逐渐分解为下贝氏体；残余奥氏体在 $350 \sim M_s$ 温度范围内分解成下贝氏体，组织基本上仍为回火马氏体。

第三阶段：碳化物的转变（300~400℃）。

继续升温，此时碳化物 $Fe_{2,4}C$ 将转变成 Fe_3C，转变后的组织为铁素体和粒状 Fe_3C 的混合物，称为回火屈氏体。在350℃左右，马氏体分解基本结束，正方度 $c/a=1$，即过饱和铁素体变为饱和铁素体。

第四阶段：渗碳体球化、长大和铁素体的再结晶（>400℃）。

一般当温度达到400℃以上时渗碳体明显聚集长大，聚集长大过程是通过小颗粒渗碳体不断溶入 α 相，450℃以上铁素体将开始再结晶，从而失去其原来马氏体的形状，而变成等轴的多边形晶粒。这种组织是在铁素体上面分布着的细粒状渗碳体，称为回火索氏体。$650 \sim A_1$ 的组织为多边形的铁素体和较大的粒状渗碳体，成为回火珠光体。

B 回火时力学性能的变化

对应组织变化，钢的力学性能变化也分为4个阶段：

（1）第一阶段，硬度不降低，晶格畸变减轻。

（2）第二阶段，马氏体分解，晶格畸变进一步减轻，硬度降低，但残余奥氏体分解转变成下贝氏体，使硬度增高，结果硬度下降不明显，内应力进一步降低。

（3）第三阶段，正方度 $c/a=1$，钢的硬度降低，淬火应力基本消除。

（4）第四阶段，组织为回火珠光体，硬度进一步降低。

10.1.4.2 回火的分类及应用

（1）低温回火。将淬火钢重新加热至150~250℃，使钢获得回火马氏体组织称为低温回火。低温回火是为了使钢保持高硬度，降低淬火内应力和脆性，一般HRC 58~64。这种回火方式适用于工具钢、轴承钢、渗碳钢等。

（2）中温回火。将淬火钢重新加热至350~500℃，使钢获得回火屈氏体组织称为中温回火。中温回火的目的是使钢具有高的弹性极限、屈服强度和一定的韧性，HRC 35~50。适用钢种是弹簧钢。

（3）高温回火。将淬火钢重新加热至500~650℃，使钢获得回火索氏体组织称为高温回火。高温回火是可以使钢获得高的强度、塑性、韧性，即有较高的综合力学性能的回火方式，HB 200~350，HR 20~35。热处理生产中将淬火加高温回火的双重处理称为调质处理，经过调制处理的钢称为调质钢。

10.2 热轧带钢热处理工艺及设备

10.2.1 热轧带钢的控制轧制与控制冷却

长期以来作为热轧钢材的强化手段，或是添加合金元素，或是热轧后进行再热处理。

这些措施既增加了成本，又延长了生产周期；在性能上，多数情况下是在提高了强度的同时降低了韧性及焊接性能。

控制轧制打破了普通热轧只求钢材成形的传统观念，不仅通过热加工使钢材得到所规定的形状和尺寸，而且要通过钢的高温变形充分细化钢材的晶粒和改善其组织，通过形变强化和相变强化的综合作用使钢获得通常需要经常化处理后才能达到的综合性能。

热轧带钢的控制轧制是通过适当控制钢的化学成分、加热制度、变形制度和温度制度的合理控制，使热塑性变形与固态相变结合，以获得细小晶粒组织，使钢材具有优异综合力学性能的轧制新工艺。

对低碳钢、低合金钢来说，采用控制轧制工艺主要是通过控制轧制工艺参数，细化变形奥氏体晶粒，经过奥氏体向铁素体和珠光体的相变，形成细化的铁素体晶粒和较为细小的珠光体球团，从而达到提高钢的强度、韧性和焊接性能的目的。是一项节约合金，简化工序，节约能源消耗的先进轧钢技术。

控制冷却是控制轧后钢材的冷却速度达到改善钢材组织和性能的新工艺。由于热轧变形的作用，促使变形奥氏体向铁素体转变温度（A_{r_3}）提高，相变后的铁素体晶粒容易长大，造成力学性能降低。为细化铁素体晶粒，减小珠光体片层间距，阻止碳化物在高温下析出，以提高析出强化效果而采用控制冷却工艺。

控制轧制和控制冷却相结合能将热轧钢材的两种强化效果相加，进一步提高钢材的强韧性和获得合理的综合力学性能。

10.2.2　控制轧制的常用方法

钢在控制轧制变形过程中或变形之后，钢组织的再结晶对钢的控制轧制起决定性作用，尤其是控轧时变形温度更为重要。因此，根据钢在控轧时所处的温度范围或塑性变形是处在再结晶过程、非再结晶过程或者 γ-α 相变的两相区过程中，从而将控轧分为 3 种类型：

（1）高温控制轧制（再结晶型控轧，又称Ⅰ型控制轧制）。如图 10-3 所示，轧制全部在奥氏体再结晶区内进行，有比传统轧制更低的终轧温度（950℃左右）。它是通过奥氏体晶粒的形变、再结晶的反复进行使奥氏体再结晶晶粒细化，相变后能得到均匀的较细小的铁素体珠光体组织。在这种轧制制度中，道次变形量对奥氏体再结晶晶粒的大小有主要的

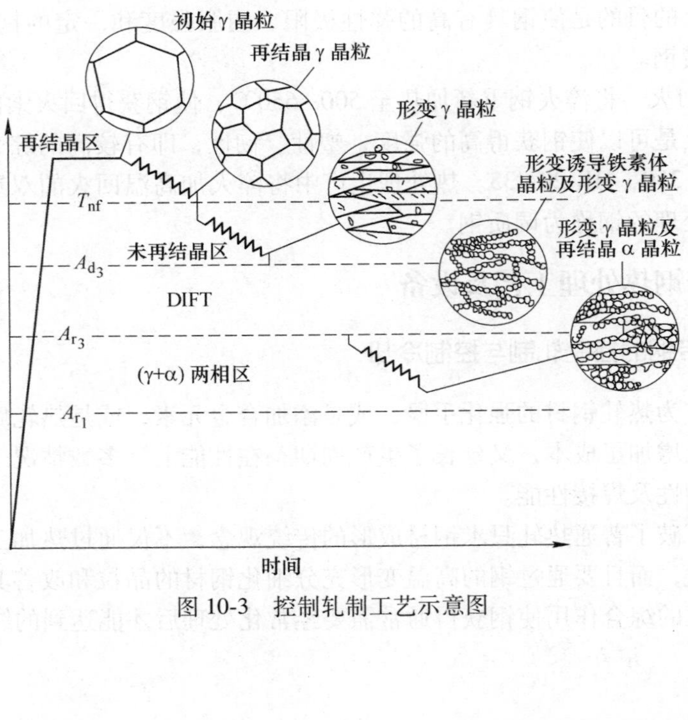

图 10-3　控制轧制工艺示意图

影响，而在奥氏体再结晶区间的总变形量的影响较小。这种加工工艺最终只能使奥氏体晶粒细化到20～40μm，相转变后也只能得到20μm左右（相当ASTM №8级）较细的均匀的铁素体。由于铁素体尺寸的限制，因此，热轧钢板综合性能的改善不突出。

（2）低温控制轧制（未再结晶型控制轧制又称Ⅱ型控轧）。为了突破Ⅰ型控制轧制对铁素体晶粒细化的限制，就要采用在奥氏体未再结晶区的轧制。由于变形后的奥氏体晶粒不发生再结晶，因此，变形仅使晶粒沿轧制方向拉长，并在晶内形成变形带。当轧制终了后，未再结晶的奥氏体向铁素体转变时，铁素体晶核不仅在奥氏体晶粒边界上，而且也在晶内变形带上形成（这是Ⅱ型控制轧制最重要的特点），从而获得更细小的铁素体晶粒（可以达到5μm，相当于ASTM №12级），因此，使热轧钢板的综合力学性能，尤其是低温冲击韧性有明显的提高。奥氏体未再结晶区的轧制可以通过低温大变形来获得，也可通过较高温度的小变形来获得。前者要求轧机有较大的承载负荷的能力，而后者虽对轧机的承载能力要求低些，但却使轧制道次增加，既限制了产量也限制了奥氏体未再结晶区可能获得的总变形量（因为温降的原因）。在对未再结晶区变形的研究中发现，多道次小变形与单道次大变形只要总变形量相同则可具有同样的细化铁素体晶粒的作用，即变形的细化效果在变形区间内有累计作用。所以在奥氏体未再结晶区内变形时只要保证必要的总变形量即可。比较理想的总变形量应在30%～50%（从轧件厚度来说，轧件厚度等于成品厚度的1.5～2倍时开始进入奥氏体未再结晶区轧制）。而小的总变形量将造成未再结晶奥氏体中的变形带分布不均，导致转变后铁素体晶粒不均。在实际生产中使用Ⅱ型控制轧制时不可能只在奥氏体未再结晶区中进行轧制，它必然要先在高温奥氏体再结晶区进行变形，经过多次的形变、再结晶使奥氏体晶粒细化，这就为以后进入奥氏体未再结晶区的轧制准备好了组织条件。但是在奥氏体再结晶区与奥氏体未再结晶区间还有一个奥氏体部分再结晶区，这是一个不宜进行加工的区域。因为在这个区内加工会产生不均匀的奥氏体晶粒，尤其是临近奥氏体未再结晶区的范围。这个范围对各种钢是不同的，大约是在7%～10%的变形量内，这个变形量称为临界变形量。为了不在奥氏体部分再结晶区内变形，生产中只能采用待温的办法（空冷或水冷），从而延长了轧制周期，使轧机产量下降。

对于普通低碳钢，奥氏体未再结晶区的温度范围窄小，例如16Mn钢当变形量小于20%时其再结晶温度在850℃左右，而其相变温度在750℃左右，奥氏体未再结晶区的加工温度范围仅有100℃左右，因此，难以在这样窄的温度范围进行足够的加工。只有那些添加铌、钒、钛等微量合金元素的钢，由于它们对奥氏体再结晶有抑制作用，就扩大了奥氏体未再结晶区的温度范围，如含铌钢可以认为在950℃以下都属于奥氏体未再结晶区，因此才能充分发挥奥氏体未再结晶区变形的优点。

（3）两相区的控制轧制（也称Ⅲ型控制轧制）。在奥氏体未再结晶区变形获得的细小铁素体晶粒尺寸在变形量为60%～70%时达到了极限值，这个极限值只有进一步降低轧制温度，即在A_{r_3}以下的奥氏体+铁素体两相区中给以变形才能突破。轧材在两相区中变形时形成了拉长的未再结晶奥氏体晶粒和加工硬化的铁素体晶粒，相变后就形成了由未再结晶奥氏体晶粒转变生成的软的多边形铁素体晶粒和经变形的硬的铁素体晶粒的混合组织，从而使材料的性能发生了变化：强度和低温韧性提高，材料的各向异性加大，常温冲击韧性降低。采用这种轧制制度时，轧件同样会先在奥氏体再结晶区和奥氏体未再结晶区中变形，然后才进入到两相区变形。由于在两相区中变形时的变形温度低，变形抗力大，因此，除对某些有特殊要求的轧材外很少使用。

在板带钢轧制中，轧件是由低温到高温连续冷却，一般都采用两阶段控制轧制（再结晶型和未再结晶型）或三阶段控制轧制［再结晶型、未再结晶型和（γ+α）两相区控制轧制］。

10.2.3 控制轧制工艺参数的制定

10.2.3.1 加热温度的控制

温度参数包括加热温度、轧制温度、终轧温度和冷却终了温度（对板带钢即卷取温度）等。

控轧时温度参数，对轧制过程再结晶速度、晶粒尺寸大小、力能参数，特别对钢材的力学性能等有重大影响。

轧制时温度与奥氏体及铁素体组织变化有密切关系，从图 10-4 可知，在高温区（Ⅰ区），奥氏体晶粒得到初步细化，相变后得到魏氏体组织；在中温区（Ⅱ区），奥氏体得到细化，相变后为铁素体和珠光体组织；低温区（Ⅲ区）是在再结晶温度以下，奥氏体在变形中产生加工硬化，相变后得到细小的铁素体和珠光体组织。

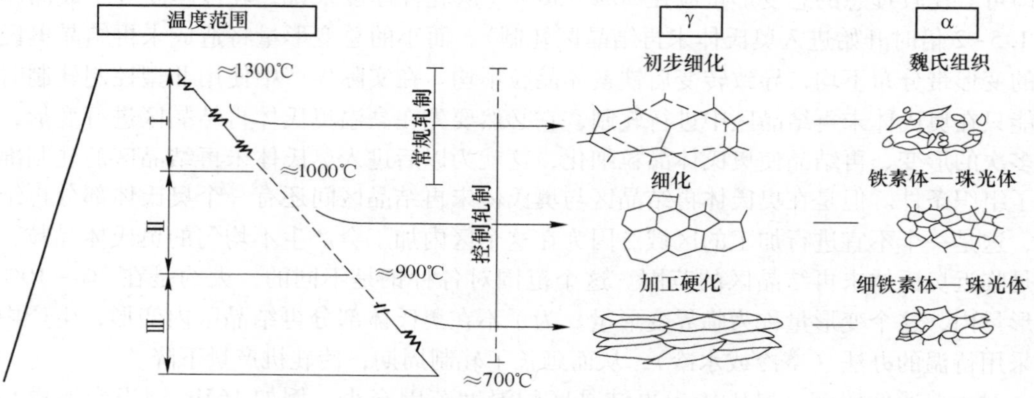

图 10-4 轧制时奥氏体及铁素体组织变化

变形温度的控制首先要注意对加热温度的控制，加热温度主要是通过影响原始奥氏体晶粒和碳、氮化物的溶解度，也就是其后的沉淀硬化效果来起作用。

降低加热温度可使原始奥氏体晶粒细化及沉淀硬化作用减小，可使轧制温度相应降低。因此，能使脆性转化温度降低，也就是使韧性得到提高。

晶粒长大使单位体积的晶界面积减小，系统自由能降低，这是晶粒长大的内因。而一定的温度条件则是其外因。只要具备一定的温度条件，原有的原子有足够的活动能力，晶粒长大就会自发进行。

奥氏体化温度越高，奥氏体晶粒长大越明显。奥氏体晶粒一旦长大，在随后冷却时就不会再变细，只能通过奥氏体变形及随后的再结晶才能细化。所以，只有细小的奥氏体晶粒才能转变成细小的铁素体晶粒，因此，细化晶粒必须从高温下的奥氏体晶粒度控制开始。

对一般轧制，加热的最高温度不能超过奥氏体晶粒急剧长大的温度，如轧制低碳中厚板一般不超过1250℃。但对控轧Ⅰ型或Ⅱ型都应降低加热温度（Ⅰ型控轧比一般轧制低100~300℃），尤其要避免高温保温时间过长，不使变形前晶粒过分长大，为轧制前提供尽可能小的原始晶粒，以便最终得到细小晶粒和防止出现魏氏组织。

控轧对加热含铌钢时，加热温度以1150℃为宜。因为，温度达到1050℃则铌的碳氮化合物开始分解固溶，使奥氏体晶粒开始长大，至1150℃晶粒长大比较均匀，温度提高到1200℃时晶粒进一步长大，即所谓二次再结晶发生。

因此，为了轧制后的钢材具有均匀细小的晶粒，加热温度一般以1150℃为宜。若加热至1050℃，则奥氏体晶粒大小不均，使轧后钢材易产生混晶，若加热至1200℃或更高，则晶粒过分长大，使轧后钢材晶粒难以细化。

低的加热温度不仅细化了原始的奥氏体晶粒促进轧后组织细化，更重要的是减少固溶的铌的碳氮化合物，减少了在铁素体的沉淀相，因而提高了低温脆性转变温度。

由于铌在控轧中的作用与其在奥氏体化状态下的存在形式有关，因此，可根据对铌钢的性能要求的不同而采用不同的加热温度。对铌钢的控轧：若以提高钢的强度为主要目的，而又可略降低脆性转化温度，此时加热必须使足够的铌固溶于奥氏体中，使其阻止奥氏体晶粒的粗化，提高奥氏体再结晶温度并扩大奥氏体再结晶温度区域，因而采用较高的加热温度1250~1350℃。这样，经过高温大变形量、多道次轧制起到细化晶粒的作用。

而另一方面，若以提高低温韧性为主，则不需要更多的铌固溶于奥氏体中，需要利用未溶的铌的碳氮化物阻碍奥氏体晶粒长大达到细化作用。因而采用较低的奥氏体化温度1150℃甚至950℃加热，以避免轧制前原始晶粒粗化和铌的碳氮化物再次固溶析出增加析出强化。

10.2.3.2　终轧温度及卷取温度的控制

从图10-5可知，随着终轧温度的降低，钢的屈服极限都升高。这是因为获得了比较

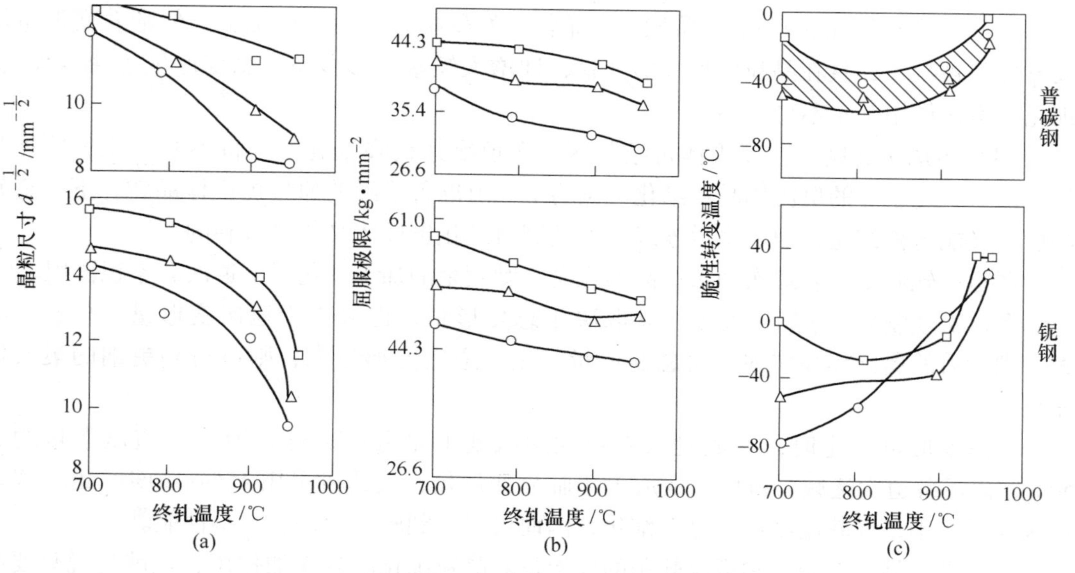

图10-5　终轧温度对力学性能及铁素体晶粒度的影响

（a）0.5%Mn；（b）1.0%Mn；（c）1.5%Mn

细小的铁素体晶粒的结果，随着终轧温度由 950℃下降至 800℃左右时，脆性转变温度也下降。但当降至 700℃时，有的钢脆性转变温度反而升高。很明显，在轧制过程中所形成的铁素体本身也产生了变形，而且再结晶不完全。

为了得到细小均匀的铁素体晶粒，希望终轧温度稍高于 A_{r_3}。因此，若低于此温度，铁素体将受到加工变形，经过缓冷回复和再结晶退火而粗化，得到混晶，使强韧性变差，如过低还会产生残余应力，使钢板过硬，影响厚度和性能。

但终轧温度过高，又会导致晶粒粗大并呈带状，容易产生方向性恶化力学性能，对热连轧带钢来说还影响冷轧钢板的晶粒度，使冷轧塑性变坏和降低深冲性能。实践表明，轧制低碳钢板，终轧温度应在 A_{r_3} 以上。

由精轧机轧出的带钢在进入卷取机之前，由于对带钢组织、性能的要求，必须使其迅速冷却到所需的温度。

带钢的卷取温度一般控制在 600~650℃，以使带钢获得良好的综合力学性能。

10.2.3.3 变形程度的控制

变形程度与 γ 晶粒大小的关系：

(1) 1000℃以上轧制，晶粒大小主要取决于变形程度，温度是次要的。实践证明，碳钢与铌钢的再结晶晶粒随变形量增加很快细化。

当变形量大于 50%~60%后，细化作用减弱。铌钢在同样轧制条件下，再结晶后的晶粒总比碳钢细小些，增大变形量能减小原始奥氏体晶粒大小对再结晶后晶粒尺寸的影响。

(2) 在 1000℃到再结晶温度的下限阶段，碳钢由 1000℃到 830℃，铌钢是 1000℃到 950℃以上，再结晶晶粒仍主要受变形量与变形温度影响。

这个阶段是再结晶细化晶粒的主要阶段，对碳钢，当变形量在 15%~20%范围内，对晶粒大小的作用突出，变形量 75%，对细化作用减弱。

(3) 在未再结晶轧制到 A_{r_3} 阶段，γ 晶粒不发生再结晶，不被细化。但随着变形量增大 γ 晶粒被拉长，且在晶粒内形成形变带，即增大铁素体形核率。总变形量达到 50%后，细化铁素体作用基本不再增加。

(4) 多道次轧制。在奥氏体再结晶区，多道次连续降温轧制，将不断细化奥氏体晶粒。前一道轧制后的奥氏体晶粒细化，又为下一道准备了细的原始奥氏体晶粒，下一道轧制后，又能再被细化，因之多道连续降温轧制对细化奥氏体晶粒是有利的。

多道次轧制中，若道次间再结晶不完全，则剩余的加工硬化对下道次有累积作用。

多道次轧制后，γ 晶粒大小，既取决于总变形量，也取决于道次变形量。总变形量大，则最后的奥氏体晶粒细，而总变形量一定，道次变形量大，则可得到更细的奥氏体晶粒。

当总变形量一定时，一般是按着道次递减变形量分配为佳，即第一道压下量约为 50%，以后各道次逐减，最后道次应大于临界变形量，大约可采用 15%~20%。由于终轧道次变形量小，终轧温度低，晶粒细化，因而可以得到较好的综合力学性能。

在未再结晶区轧制，多道次轧制的变形量对晶粒细化起到叠加作用，也就是说只要有足够的总变形量，无需过分强调道次变形量。

多道次轧制的间隔时间长，再结晶晶粒长大。因此，在再结晶区轧制，一定要使间隙时间尽量短，尤其在 γ 区的高温侧，使得晶粒来不及长大。

10.2.4 控制冷却工艺过程（3 个阶段）

控制冷却工艺过程 3 个阶段为：

（1）一次冷却，是从终轧温度到相变开始前的温度范围内的冷却。一次冷却的目的是控制相变前 A 体组织状态，为相变做组织准备。采用水冷的方法实现快速冷却。

（2）二次冷却，是从相变开始到相变结束温度范围内的冷却。二次冷却的目的是通过控制冷却速度和冷却终止温度控制相变过程，得到所需要的组织。不同钢种冷速不同，相变组织变化不同。

（3）三次冷却，是通过空冷从相变后至室温范围内的冷却。

10.2.5 轧后快速冷却工艺参数对钢材强韧性的影响

钢材强韧性化程度与铁素体的粗细、珠光体片层间距、贝氏体量的多少、C/N 化合物的析出量（以上均受成分及冷却的影响）等因素有关。

（1）轧后冷却速度的影响。轧后冷却速度的影响一般体现在冷速慢会使晶粒粗大；而当冷速过快时则会使贝氏体组织粗大（不利于贝氏体形核，相变孕育期长），使韧性下降；因此，在一定范围内快冷可以使铁素体、贝氏体细化，对韧性影响不大。快冷时应防止不均匀冷却，否则会产生应力（如边部与中部、表面与中心），造成板面裂纹或韧性下降。

（2）轧后开冷温度的影响。开冷温度应尽量接近终轧温度，主要目的：一方面是为了防止终轧至开冷阶段晶粒粗大；另一方面是为了提高平均冷却速度，增大过冷度，细化晶粒。因此，开冷温度是受到终轧温度影响的。

（3）轧后快速冷却终冷温度的影响。不难分析终冷温度过高时，设备冷却能力将受到考验。冷却能力差，冷却速度不够，冷却时间不够则将影响钢材组织的细化。反之，若终冷温度过低，冷却过度，产生低温转变产物，将使韧性下降。

值得注意的是轧件头尾散热快，轧后温度较低，冷却时应尽量避免因为水冷造成头尾与轧件中间部位温差的进一步加大（头尾不穿水冷却）。

10.3 冷轧带钢热处理工艺及设备

10.3.1 冷轧带钢的热处理工艺

10.3.1.1 冷轧带钢的退火

冷轧带钢生产的退火因钢种的不同可以分为初退火、中间退火和成品退火，每一种退火的目的是不一样的。

A 初退火

冷轧前的退火称为初退火，主要用于 45 号以上的碳钢及合金钢热轧带卷，目的是降低变形抗力，有利于轧制。

对于优质高中碳钢的初退火，一般采用再结晶退火，而对中合金钢和高合金钢可根据需要采用不完全退火或再结晶退火，如图 10-6 所示。

B　中间退火

在冷轧过程中进行的退火称为中间退火，目的是为了消除冷轧带来的加工硬化、消除内应力、降低硬度、恢复塑性，以便继续进行冷轧。

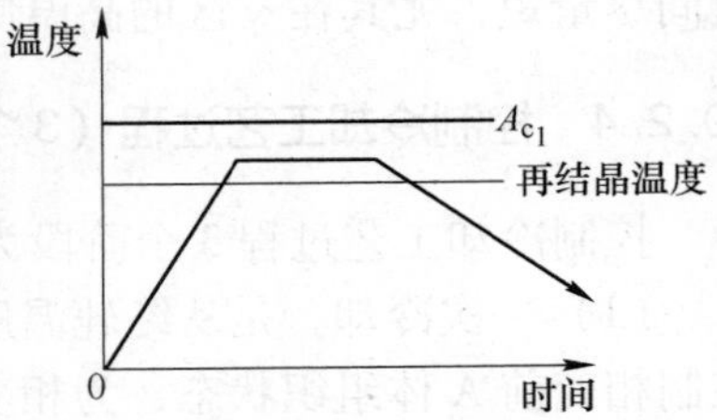

图 10-6　钢的退火曲线示意图

中间退火一般采用再结晶退火，在组织生产时，除非特殊需要，一般应合理安排原料和冷轧工艺，尽量不使用中间退火。

C　成品退火

对冷轧成品进行的退火称为成品退火，目的是消除冷轧成品的内应力和加工硬化，使冷轧成品具有所要求的金属组织、力学性能、物理化学性能和工艺性能，一般采用再结晶退火。

10.3.1.2　冷轧带钢退火工艺

冷轧带钢的退火根据退火炉的工作方式可分为两种类型，即间隙式（又称罩式）退火炉退火和连续式退火炉退火。

A　罩式退火炉退火（简称罩式退火）

罩式退火是冷轧钢卷传统的退火工艺。在长时间退火过程中，钢的组织进行再结晶，消除加工硬化现象，同时生成具有良好成型性能的显微组织，从而获得优良的力学性能。罩式退火按照退火时带卷的松紧程度不同分为紧卷罩式退火和松卷罩式退火两类；按照退火时带卷的堆放形式不同分为单垛罩式退火和多垛罩式退火两类；按照退火时所使用的保护性气体的不同分为氮氢混合气体罩式退火和全氢罩式退火两类，如图 10-7 所示。在上述分类中，尤以保护性气体的不同对退火工艺的影响为大。

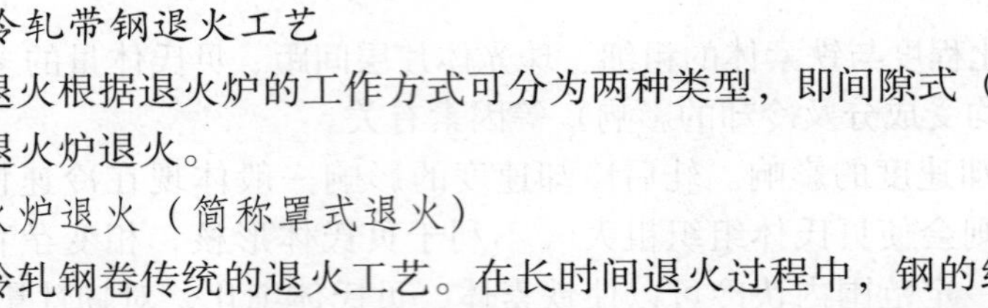

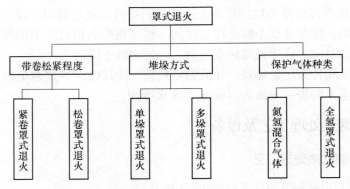

图 10-7　罩式退火类型细分示意图

20 世纪 70 年代的普通罩式退火炉主要采用高氮低氢的氮氢型保护气体（氢气的体积分数 2%～4%，氮气的体积分数为 96%～98%）和普通炉台循环风机，生产效率低，退火质量差，能耗高；20 世纪 70 年代末奥地利 EBNER 公司开发出了“强对流全氢退火炉”和 80 年代初德国 LOI 公司开发出了“高功率全氢退火炉”。这两种全氢罩式退火炉的生产效率比普通罩式退火炉提高了一倍，产品深冲性能良好，表面光洁，在全世界范围内的冷轧带钢生产企业得到迅速推广和应用。

自20世纪90年代以后，我国的罩式退火炉也逐渐采用高氢型保护气体（氢气的体积分数为75%，氮气的体积分数为25%）或全氢型保护气体（氢气的体积分数为100%）和强对流炉台循环风机。

目前广泛使用的全氢罩式退火炉具有以下明显的优势：

（1）采用大功率、大风量的炉台循环风机，加速了气体循环，强化了对流传热。

（2）采用全氢作为保护气氛，充分发挥了氢气质量轻、渗透能力强、导热系数大、还原能力强的优势。

（3）采用气—水冷却系统，起到了快速冷却的目的，提高了生产效率，改善了退火质量。

（4）由于炉温比较均匀，加热时无局部过热现象，因此，处理后的带钢卷力学性能均匀，同时也消除了普通罩式退火炉中所出现的带钢黏结现象。

（5）能量（燃料量+电能）消耗低，同时保护气体消耗量低。

B 罩式炉退火工艺（以全氢式罩式退火工艺为例）

罩式炉退火工艺流程：上料→扣内罩→水封→正压试漏→扣加热罩→氮气吹扫→点火→氢气吹扫（保护气体置换）→均热→冷却→氮气吹扫→打开保护罩→移走钢卷，如图10-8所示。

a 加热速度

钢的导热系数越大，加热速度可以越快；在室温至400℃范围内，加热速度的快慢对钢材的性能影响不大。加热速度的快慢主要控制在400℃到保温温度阶段，在这一阶段，加热速度对钢材的性能和表面质量影响较大。依据钢种的不同，加热速度也不一样，如图10-9和图10-10所示。

b 保温温度和保温时间

保温温度就是再结晶温度，一般在570~720℃，是一个温度范围。在制定保温温度时要考虑金属的变形程度，累计变形程度越小，再结晶温度越高；反之，则越低（畸变能聚集引发再结晶倾向的大小）；大量实际资料的统计表明：当变形程度较大时，各种金属材料的最低再结晶温度（用绝对温度表示）为其熔点的0.35~0.40倍，退火温度一般应比该钢种的最低再结晶温度高100~200℃。

对于再结晶退火，带钢在600℃以上、A_1以下的停留时间称为有效均热时间，此时间一般根据产品性能要求的不同而确定。此外，卷重越大，钢板越厚，保温温度应越高，保温时间应越长。对易产生黏结和薄规格带钢，保温温度要适当降低，保温时间要适当缩短。

保温时间的长短随产品性能的要求的不同而不同，同时规格也会对保温时间产生影响，基本趋势是：厚重规格时间长一些，易黏钢种及薄规格保温时间短一些。

c 冷却速度和出炉温度

退火生产中吊走加热罩后的冷却速度一般是不加以控制的，但是冷却速度对力学和冲压性能是有影响的，一般希望冷却速度快些，快冷还可以提高炉台效率、改变台罩比。但在320℃附近，快冷使得带钢中固溶的碳不能完全析出，以固溶状态冷却下来，以后过饱和的碳会从固溶体中析出产生时效硬化。

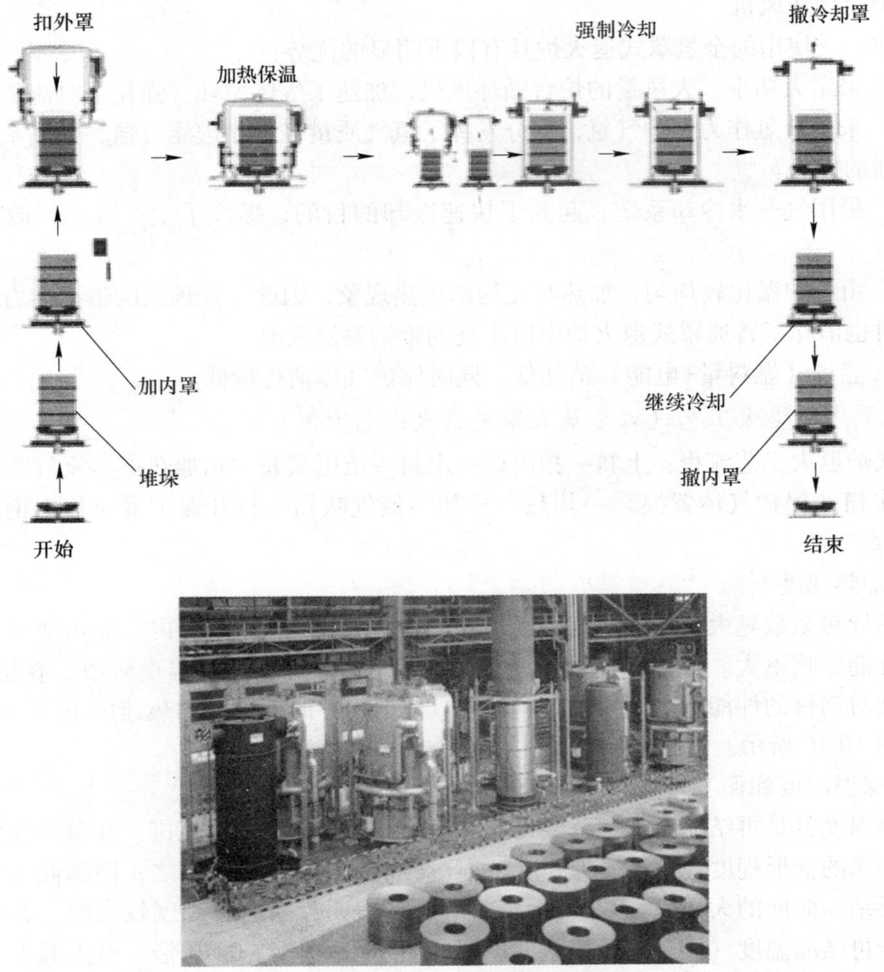

图 10-8　罩式炉退火工艺流程示意图

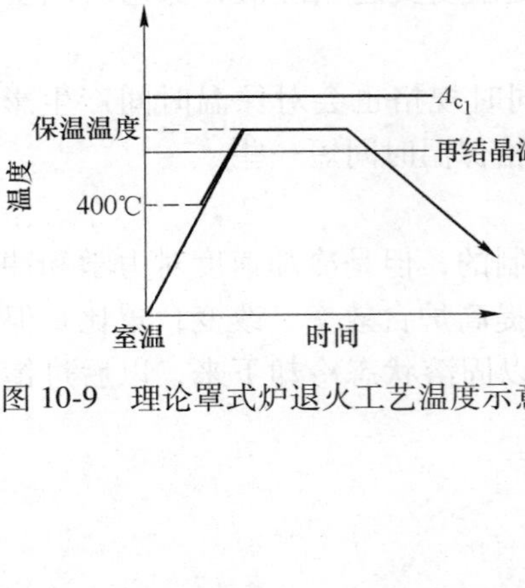

图 10-9　理论罩式炉退火工艺温度示意图

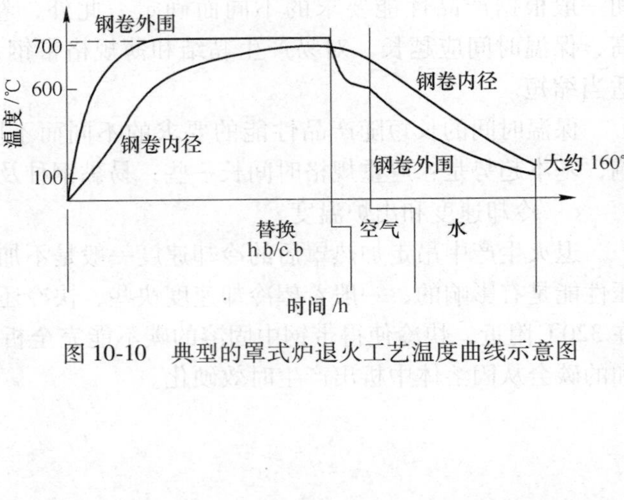

图 10-10　典型的罩式炉退火工艺温度曲线示意图

从600℃冷到320℃所需时间称为有效冷却时间。为了使固溶碳完全析出，在冷却过程中进行过时效处理，过时效温度一般为350~450℃，保温20~300s。对于有特殊性能要求的，如超深冲汽车板，在500℃以上要求缓慢冷却，即带大罩（即加热罩）冷却，以保证冲压性能。

出炉温度以带钢出炉时与空气接触不发生氧化的原则来确定，考虑到炉台利用率和确保表面质量，出炉温度应以120~150℃为宜。

d 光亮退火

光亮退火是退火时带钢不发生氧化和脱碳的退火。为得到光亮退火应做好以下工作：

（1）退火前的带钢进行电解清洗。

（2）退火时炉子应密封良好，保护气干净。

（3）内罩内保持一定压力。

（4）做好冷吹和热吹。

冷吹是用保护气体赶走内罩内的空气，热吹的作用是将板卷带来的乳化液产生的油烟、水蒸气等有害物质吹净，并赶走残余的空气。一般是在点炉前两小时打开通入炉内的保护气体阀，利用保护气体吹干内罩中的空气，冷吹正常，并且时间已达2h，才能点炉。

C 连续式退火炉退火

早在20世纪30年代就出现了冷轧钢板的连续退火机组，这种机组用于处理镀锡原板及热镀锌钢板，产品板形好，性能均匀；但钢质较硬，不适于冲压，要生产冲压型冷轧板需选择罩式退火炉进行处理，如图10-11和图10-12所示。

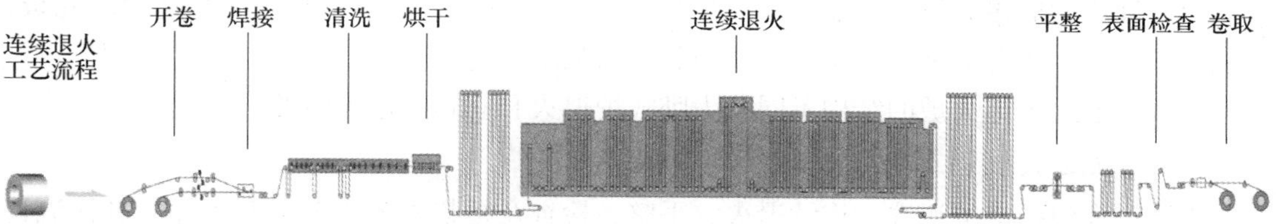

图10-11 连续式退火炉组成示意图

20世纪70年代初出现了一种新的生产工艺，它把冷轧后的电解清洗、罩式退火、钢卷冷却、调质轧制（平整）和精整检查5个单独的生产工序联结成一条生产机组，用立式（或卧式）连续退火炉代替间歇式的罩式炉，实现了连续化生产。这种连续生产线称为连续退火机组，简称CAPL，又称“五合一”。

1972年，日本新日铁公司成功的建成了第一条采用连续退火工艺生产冲压用冷轧带钢的生产线，使原来需要10d的生产周期缩短到了10min。

1976年7月，日本钢管在福山厂建成了2号连续退火机组，这是继新日铁后再次开发了连续退火机组生产冷轧深冲碳素薄钢板的技术。20世纪70年代后期，日本川崎钢铁公司与三菱公司合作研制世界上第一条多功能连退线，并于1980年2月投入运行，能生产高强度板、镀锡原板、电工板等。

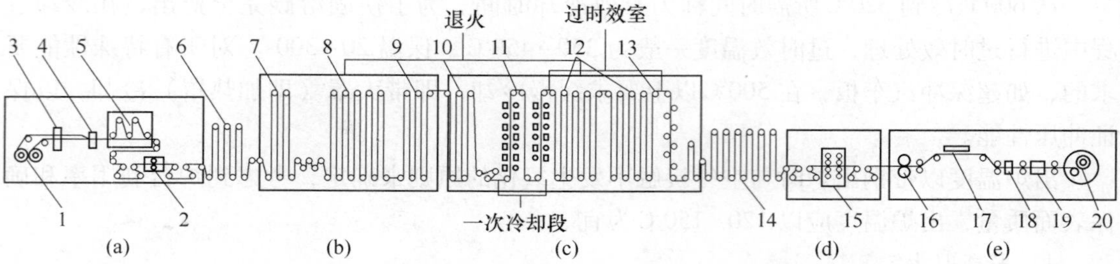

图 10-12 连续退火机组工艺流程与设备组成示意图

（a）清洗段；（b）加热段；（c）冷却段；（d）平整段；（e）精整段

1—开卷机；2—张力平整机；3—剪切；4—焊接机；5—电解清洗；6—入口活套；7—预热段；8—加热段；9—均热段；10—缓冷段；11—急冷段；12—冷却段；13—最终冷却段；14—出口活套；15—平整机；16—剪边机；17—检查装置；18—涂油机；19—剪边；20—张力卷取机

与罩式退火炉相比，连续式退火炉具有以下优点：

（1）退火产品性能均匀，表面光洁。

（2）利用张力有利于改善板形。

（3）成材率高，平整效果好。

（4）机械化、自动化合成率高；生产过程简单，快捷。

（5）设备紧凑，机组占地面积小，节省人员，节省能源。

到目前为止，世界上大约有110条连退线。现在用连续退火炉既可以生产普通级别的冲压成型冷轧薄板，也可以生产深冲压和超深冲压成型的汽车用冷轧板和烤漆硬化钢板；既能生产硬质的镀锡原板，也能生产软质的镀锡原板；既能生产一般强度级别的冷轧板，又能生产微合金化合金钢、双相钢等高强和超高强度冷轧板。

连续式退火依退火炉的结构不同分为卧式炉退火和立式炉退火两类。

D 连续退火机组工艺

连续退火包括电解清洗、连续退火、平整、检查及精整等各主要生产工序，具体流程为：轧后冷硬卷→入口运输机（卷径、宽度测量及拆捆）→开卷→直头机→入口剪→焊机（切月牙和冲信号孔）→表面清洗（碱洗、刷洗、电解清洗、刷洗和漂洗等）→入口活套→加热（预热、加热、均热）→冷却（缓冷、快冷、过时效、终冷等）→中间活套→平整机及拉矫机→出口活套→切边剪（去毛刺机）→检查→静电涂油→横剪→卷取机→称重→打捆。

a 清洗工艺段

作用：去除冷轧带钢表面残存的轧制油及其他表面污迹，向退火炉提供合格的退火原料。

主要工序为开卷、剪切、焊接、清洗和烘干。

（1）开卷。在开卷机上将卷状的带卷打开送入机组，同时对原料进行必要的检查（如查宽度、外观是否合格），按生产计划上料。

（2）剪切。针对带钢头尾超差和各种缺陷的部分进行剪切，保证产品精度及满足头尾焊接的相关要求。

（3）焊接。将前后两卷带钢的头部与尾部焊接在一起，以实现连续退火生产。焊接的工艺形式可以使用激光焊，也可以使用闪光焊，可将头尾对接焊或搭接焊。

（4）清洗和烘干。使用各种清洗方法对带钢进行清洗，保证带钢在退火时不会在其表面产生足以影响带钢表面质量的残留颗粒物和碳化物；不会在炉辊表面形成结瘤，如图10-13所示。常用的清洗方法有物理清洗法、化学清洗法、电解清洗法和组合清洗法。清洗过的带钢经烘干即完成了清洗工艺工作任务，可进入退火工艺段进行退火。

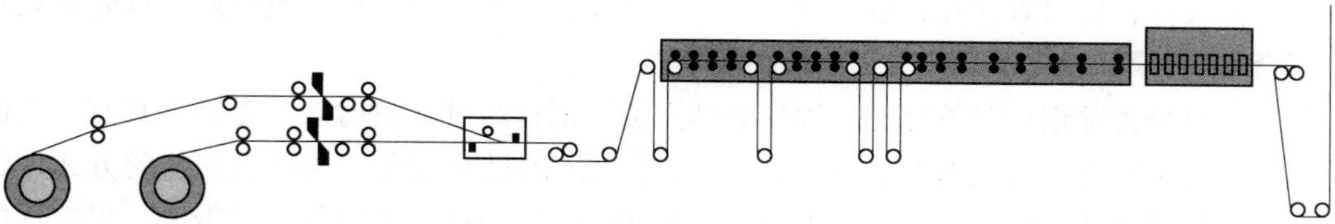

图 10-13 连续退火机组清洗工艺段示意图

b 退火工艺段

作用：在该工艺段完成带钢的预热、加热、均热、一次冷却、过时效处理及终冷等退火工艺过程，获得不同用户所需要的产品性能。

主要工序为加热、一次冷却、过时效处理和终冷。

（1）加热，包括预热、加热和均热，如图10-14所示。

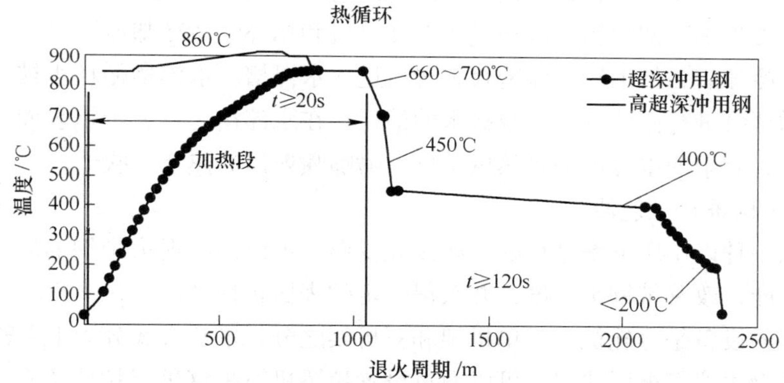

图 10-14 某钢种带钢的退火温度曲线加热段示意图

预热的主要目的是为了充分利用加热炉内的燃烧废气的热量，预热一般能将带钢温度从室温升至170~220℃。

在加热段，使用辐射管加热技术将带钢加热至规定的退火温度，在这一阶段，带钢已基本完成了再结晶。

在均热段，根据对带钢性能的要求进行不同时间的保温及较低速率的降温，使晶粒均匀化并进一步长大，同时形成有利于提高塑性要求的组织，不同的钢种，均热的时间不同；过度的均热会导致晶粒过分长大，反而降低塑性。均热段一般采用电加热方式进行补热。

（2）冷却，包括一次冷却、过时效处理及终冷。

一次冷却又称为快冷，其中尤以一次冷却和过时效重要。分析世界现有各种类型的连续退火机组，无论机型如何不同，但其基本结构是一样的，最大差别在于一次冷却段的冷却方式不同，一次冷却对产品材质性能及适应的产品品种有很大影响。目前在使用的一次冷却方法有气体喷射冷却、冷水淬火、辊式冷却、高速气体喷射冷却等。

在一次冷却段，使用不同的快冷方式使带钢快速冷却，冷却速度的高低直接影响到铁素体中固溶碳的析出，进而影响带钢的时效性。冷速快，固溶碳溶解度下降，有利于析出细小的渗碳体，抗时效性强，过时效处理时间会减少；冷速慢，抗时效性差，过时效处理时间会增加。

过时效是去除钢材时效性的一种热处理方法。钢材经过“过时效”处理后具有令人满意的综合力学性能（强度与塑性两方面）。在退火炉的过时效段，通过电加热的方式使带钢在一定的过时效温度下，保持所需要的过时效时间。经过一次冷却后的带钢，根据性能要求进行不同时间的过时效，使带钢中过饱和的固溶碳在晶体内部均匀的充分析出，减少钢中固溶的碳，降低成品钢板的时效性。

金属材料的时效金属材料的性能随时间而变化的现象称为时效。如低碳钢板材经热加工或冷形变后在室温下放置一定时间，其力学性能会发生变化，即强度、硬度升高，而塑性、韧性下降，这种变化有可能会导致金属材料的性能无法满足用户的要求。钢的时效现象一般是由钢中的碳或氮析出形成碳或氮的化合物所致。

终冷段设有喷气冷却装置，带钢在终冷段经过喷气冷却系统后冷却到 150℃左右。冷却系统由带有喷嘴的冷却喷箱、冷却气体循环风机和循环气体冷却器等组成。

经终冷段冷却后，带钢经气体密封装置后进入水淬槽。水淬槽循环水被一台板式换热器冷却，由循环泵进行循环以减少脱盐水的消耗。在水淬槽之后，带钢表面大部分的水将被挤干辊挤干，剩余的水分由一台热风干燥器喷嘴喷射出的热空气吹干。

c　平整（拉矫）工艺段

作用：以一种以小压下率进行的二次冷轧变形，可以消除退火带钢的屈服平台，调制带钢的力学性能，改善带钢平直度，并获得一定的表面粗糙度。

平整使用的设备是冷轧机，有单机架和双机架之分；平整方式分为干平整和湿平整。

为消除带钢边浪等板形缺陷，可以通过设置拉矫机对带钢进行拉伸矫直，使板形得到改善。

d　检查、精整工艺段

检查和精整的主要作用有：

（1）将带钢剪切成规定的成品宽度。

（2）进行带钢尺寸检查、板形检查及表面质量检查，并进行记录。

（3）在带钢卷取到规定重量时进行分卷，切除焊缝、头部及尾部的尺寸超差部分及有缺陷的部分，并切取试样。

（4）在带钢表面均匀地涂敷防锈油。

（5）在钢卷周向打捆及进行称重。

10.3.2　冷轧带钢退火设备

10.3.2.1　罩式退火炉

罩式退火炉设备结构如图 10-15 所示。

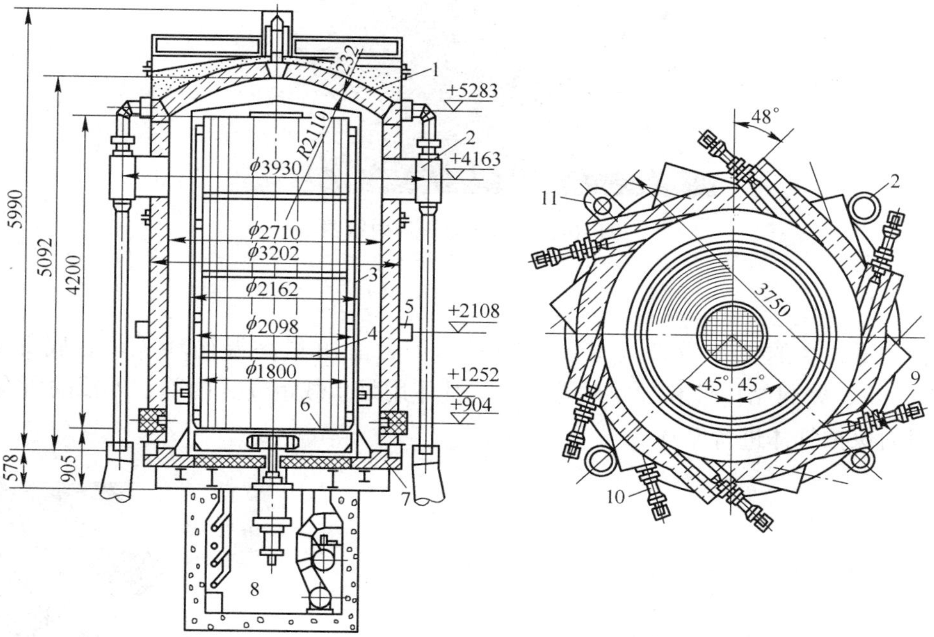

图 10-15　罩式退火炉设备结构示意图

1—加热罩；2—排烟管；3—双层保护罩；4—中间对流板钢卷；5—煤气箱；6—底部对流板；7—全封闭炉台；8—炉底地坑；9—上列烧嘴；10—下列烧嘴；11—导向杆

A　外罩（加热罩）

外罩是罩式炉的主要设备，其几何尺寸由钢卷最大外径和最大钢卷垛高决定。根据使用的加热热源分为电热式、燃气式和燃油式等形式。

外罩炉壳为钢制，型钢加固，其上有燃烧装置、导向装置和密封框，如图 10-16 所示。燃烧系统包括烧嘴、燃气系统、排烟系统、隔热换热器等。

图 10-16　罩式退火炉外罩图

B　内罩

内罩也称保护罩，其作用是使罩内保护气体与罩外的燃烧气体及外界空气隔开，以实现带钢钢卷的无氧化退火，如图 10-17 所示。钢卷的加热和冷却都是在内罩里完成的，内罩必须密封，抗氧化，多采用耐热不锈钢制成。

内罩的外形有平面和波纹之分，波纹的比平面的罩体强度高，且径向抗热变形能力强，并可增大约 4%的传热表面积，提高效率。

图10-17 罩式退火炉内罩图

C 炉台

炉台是罩式炉的主体设备（见图10-18），炉台上由耐高温循环风机、底部对流板（见图10-19）、密封结构件和导向柱等组成。其作用是承载钢卷、内罩、外罩的所有重量，强制内罩内保护气体进行循环。

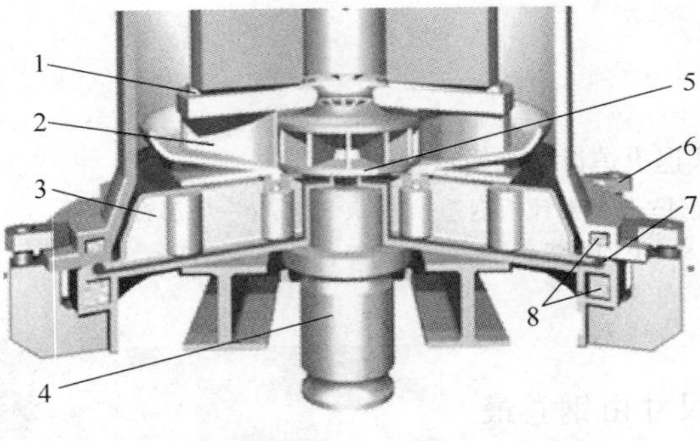

图10-18 罩式退火炉炉台结构示意图

1—底部对流板；2—扩散器；3—耐火纤维；4—循环风机；5—风机叶轮；6—液压夹具；7—橡胶密封圈；8—密封圈冷却水箱

图10-19 炉台对流板

D 对流盘

对流盘是罩式炉的一个很重要的附件。其作用是提高钢卷与保护气体的接触概率，对提高罩式炉退火的产量和质量都有极其重要的影响。

对流板分为底部对流板、中间对流板和顶部对流板。

（1）底部对流板，安装在炉台的分流盘上，承受钢卷全部重量。

（2）中间对流板，位于钢卷之间，作用是使保护气体流过钢卷端部进行加热或冷却，其次对两个钢卷进行隔离，防止钢卷在退火过程中端部粘连。

（3）顶部对流板，位于钢卷顶部，主要作用是提高对顶部钢卷的加热能力。

E 冷却罩

冷却罩是在加热结束揭掉加热罩后套在内罩上的一个冷却装置，用于加快冷却速度、提高退火产量，同时也降低车间环境温度、保护周围设备、改善操作环境，如图 10-20 所示。

冷却罩结构有空气式和气—水组合式。冷却罩采用耐热钢板焊制而成。两台离心式风机置于冷却罩上部两侧，空气由保护罩和冷却罩下部缝隙吸入，沿着保护罩热表面向上抽出热空气。

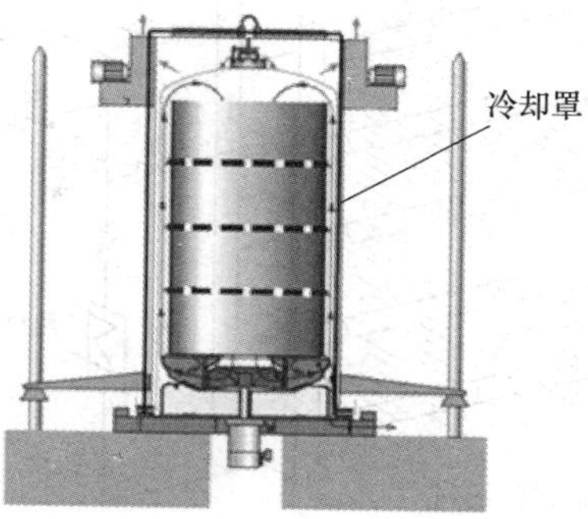

图 10-20 罩式退火炉冷却罩示意图

10.3.2.2 连续式退火设备

A 加热段主要设备

a 入口侧张紧辊

通常的连续退火炉在炉子入口侧设有张紧辊（见图 10-21 中圈内），目的是给予炉内带钢以“后张力”。张紧辊与炉子之间有张力调整装置，力矩电机使可动辊上下移动，以此来吸收炉内带钢张力的波动，保持张力恒定。

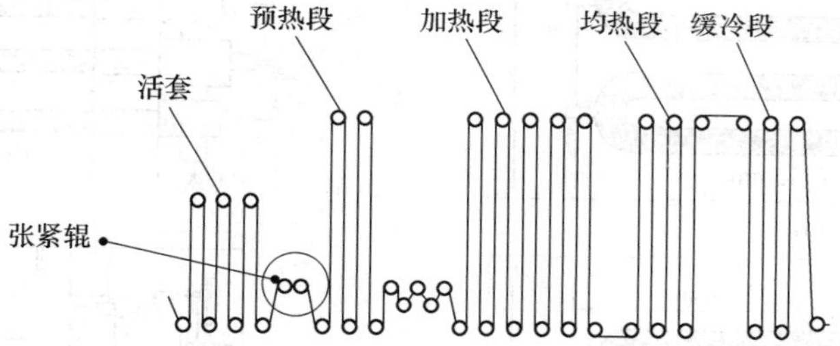

图 10-21 连续式退火炉加热段示意图

b 加热段设备

带钢通过入口的密封辊进入加热段，按规定的退火温度加热。加热段的上部和下部由 4 根以上的导辊形成通道，通道与通道之间装有换热器并插入辐射管，从两面直接加热带钢。辐射管每列 10 根，由炉壁两侧面交叉伸出，对带钢宽度方向进行均匀加热，如图 10-22 所示。

常用的辐射管类型有“U”形、“W”形、“P”形和双“P”形，如图 10-23 所示。

在 20 世纪 70 年代末之前使用的辐射管烧嘴是煤气和助燃空气一次混合燃烧的长火焰烧嘴，助燃空气经过空气预热器由辐射管内的负压差吸入，称为吸入型。煤气和助燃空气的比例调节由煤气管路上流量测量值和辐射管废气排出管路上检测的负压值通过换算进行间接控制。

20 世纪 80 年代初，日本开发了“鼓-抽”型辐射管加热技术（见图 10-24），主烧嘴的助燃空气用风机鼓入，燃烧废气由废气风机抽出到排烟系统，所以空气流量像煤气流量一样能直接精确控制，从而使空燃比能严格控制在 1.05～1.15 以内，而吸入型的空燃比一般在 1.2～1.5。

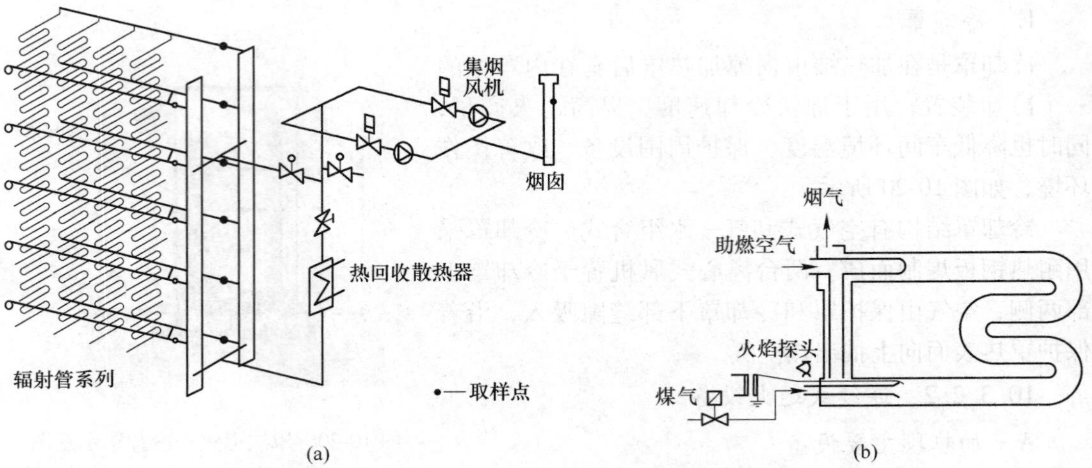

图 10-22　连续式退火炉加热用辐射管及位置示意图

（a）辐射管；（b）辐射管安装位置

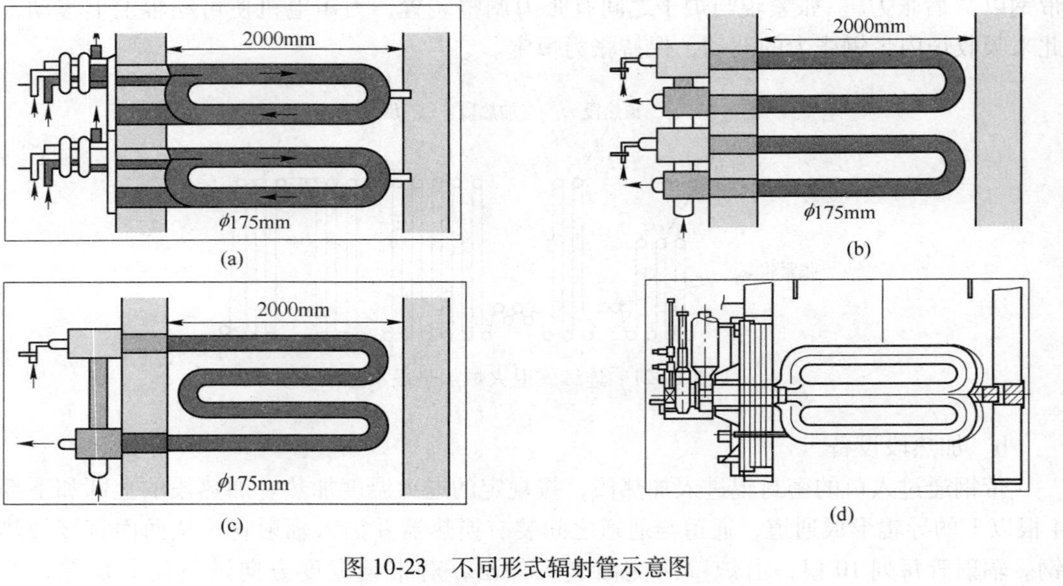

图 10-23　不同形式辐射管示意图

（a）“P”形；（b）“U”形；（c）“W”形；（d）双“P”形

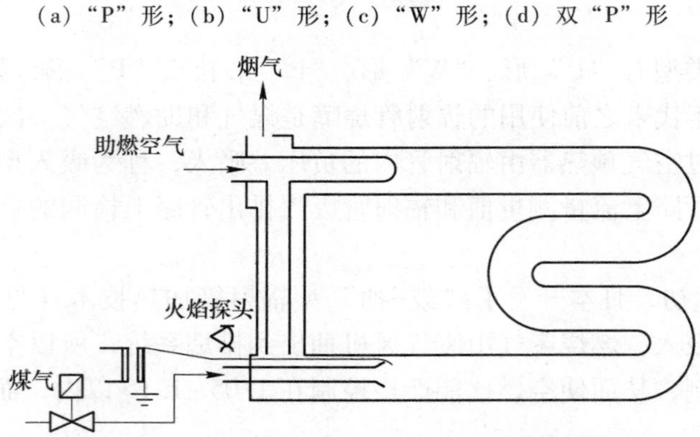

图 10-24　“鼓-抽”型辐射管加热技术示意图

吸入型与“鼓-抽”型辐射管加热系统比较见表10-2。

表10-2 吸入型与“鼓-抽”型辐射管加热系统比较表

序号	项目	内容	吸入型	“鼓-抽”型
1	温度控制	方式	高—低—关	PID—关
2	空/燃比	控制精度	不高	高
		控制及调整	复杂	容易
		再现性	不好	好
3	助燃空气流速	在线测量及反馈	不可能	可能
4	燃烧煤气	在线测量	可能	可能
5	燃料热值变化的适应性		差	很强
6	燃烧系统的可靠性		不高	高

注：PID—(比例—积分—微分)控制器。

c 均热段设备

带钢在加热段升温到规定温度后，通过下面的隧道进入均热室（见图10-12），均热室中只需要弥补炉壁散发的热量。由于此热量很小，所以通常采用容易控制的电阻加热方式，加热体在炉壁周围等密度排列，炉温通过△-Y 接线切换开闭器进行控制。

B 冷却段主要设备

a 一次冷却段设备

分析日本三大钢铁公司的连续退火机组和欧洲相继推出的具有独特风格的连续退火机组，无论是新日铁的CAPL（连续退火精整加工线）、日本钢管公司的NKK-CAL、川崎制铁的KM-CAL，还是欧洲冶金研究中心的CRM-CAL，不管机型如何不同，但其基本结构是一样的，最大差别在于一次冷却段的冷却方式不同，方式不同，所涉及的设备也不同。

加热和均热后的一次冷却对产品材质性能及适应的产品品种有很大影响。

已开发或正在使用的一次冷却方法有气体喷射冷却（GJC）、冷水淬火（WQ）、辊式冷却（RC）、高速气体喷射冷却（HGJC）、气-水加速冷却（ACC）、热水冷却（HOWAC）、水淬与辊冷（WQ+RC）、气体喷射和辊冷复合冷却（GJC+RC），以及目前比较流行的所谓高氢闪冷技术等。

（1）辐射冷却技术。在20世纪60年代之前，辐射冷却是连退技术最初采用的冷却方法，它是在带钢两侧设置大量的冷却水箱，创造一个温度较低的环境，如图10-25所示。

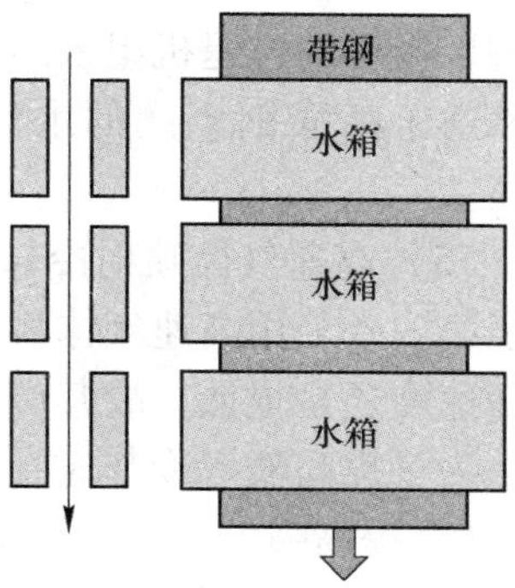

图10-25 辐射冷却技术示意图

辐射冷却技术最大的优点是冷却介质与带钢不接触，对带钢表面不会产生不良影响。

缺点是冷却速度慢，特别是当带钢冷却到较低温后，冷却更加困难。

（2）喷气冷却技术。20世纪60年代初，美国GE等公司相继开发出使用保护性气体的喷气冷却技术，其冷却速度比辐射冷却方式有较大的提高，从而使镀锡原板连退线的生产速度翻了一番，跃增到 10m/s。

(3) 冷水淬火。1965 年，美国内陆钢厂首次采用水冷技术生产高强镀锡原板（马氏体镀锡原板），到了 1969 年日本钢管研究成功水淬及短时过时效处理技术。

水淬是目前连续退火速度最快的冷却方法。它将炉内带钢由 700~850℃冷却到 560℃，再水淬冷却至 65℃左右，冷却速度为 500~2000℃/s，为去除带钢表面氧化膜，带钢在冷却后要经酸洗、中和、漂洗、烘干，再重新加热（400℃左右）过时效或回火。

由于冷却速度极快，仅 1min 过时效就能析出过饱和固溶碳，可生产深冲板。另外钢中加入适量合金元素，能经水淬一次冷却形成双相钢（铁素体相和马氏体相）、BH 钢等。

这种方法由于冷却速度过快，冷却终点温度难以控制，带钢的表面质量和板形相对较差，并且能耗高。

(4) 辊冷技术。日本 NKK 公司（日本钢管株式会社）于 1978 年开始研究辊冷技术，1982 年获得成功，同年在神户制钢建造的连退线上投入使用。辊冷是使带钢与内部用水冷却的铜辊接触，通过热传导而实现带钢冷却，冷却速度为 100~300℃/s，如图 10-26 所示。

带钢冷却速度的控制可通过带钢与水冷辊接触的时间长短来调节；而接触时间的改变则通过钢带运行速度及水冷辊的移动位置来实现。

辊冷的优点：冷却速度较大，可准确地控制带钢冷却的终点温度；免去了后续酸洗工序，因而生产成本降低，尤其是生产深冲用冷轧板成本更低。辊冷法不仅可生产 CQ、DQ 及 DDQ 级软质钢板，还可生产 400~1000MPa 的高强板。

辊冷的主要特点：

1) 带钢在冷却过程中要与辊子接触，而且必须很均匀地接触，否则带钢将产生不均匀冷却，因此，辊冷前后必须设置张紧辊以确保较大的带钢张力（大于 30MPa）。

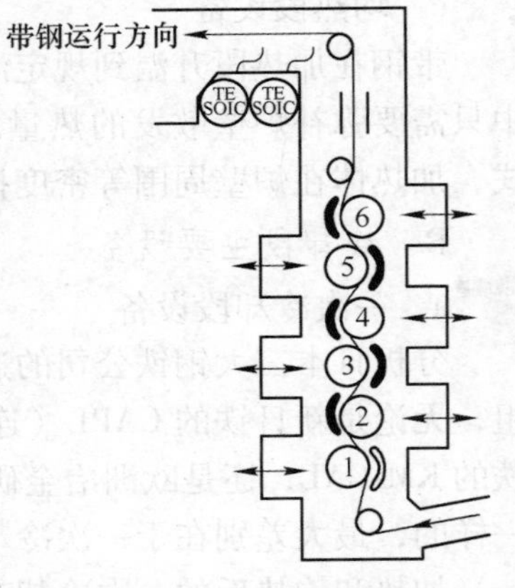

图 10-26 辊冷设备示意图

2) 带钢在冷却中产生收缩，因此，带钢与辊子之间存在相对滑动，有可能影响带钢表面质量。

3) 冷却辊的工作条件较恶劣，辊子的寿命成为问题。

水淬和辊冷的结合是 NKK 对连退冷却技术的又一发展。1982 年在神户钢铁公司加古川钢厂投产的连退机组采用了水淬和辊冷结合的方法，使一条机组兼备适于软钢生产的辊冷和适于高强钢生产的水淬两种最佳方法，使生产成本进一步降低，产品性能进一步提高。

(5) 高速气体喷射冷却技术（HGJC 技术）。在 20 世纪 70 年代初，同时在日本也投产了第一条采用高速气体喷射冷却技术的连续退火生产线，但这种最初级的喷气快冷，其冷却速度还是很低，故其产品主要是 CQ 级冷轧板。

为了提高喷气冷却速度，主要做了以下工作：

1) 提高喷气速度即增加气体体积。

2) 使喷嘴和带钢之间的距离尽可能短。

3) 使喷射的气体 H_2 含量增加，即使用“高氢”。

4）喷射气体中加入雾化液相。

20世纪80年代初，川崎钢铁公司和三菱重工合作建造了多用途连退机组，采用了HGJC技术，使用窄缝喷嘴在带钢两面喷射气体，通过调节风机出口的阀板来调节冷却速度。

另外，沿着带钢宽度方向分成5个区段，以保证带钢在宽度方向冷却均匀，该冷却系统还有能调节 H_2 含量的装置，冷却速度可达到50℃/s，这条多用途连退线可生产 T_2~T_5 镀锡原板、400~800MPa级双相高强钢、SPCC级冷轧板及RM30~RM60电工钢。

为了进一步提高冷却速度，将HGJC技术和NKK的辊冷技术结合形成辊冷和气冷复合冷却技术，如图10-27所示。

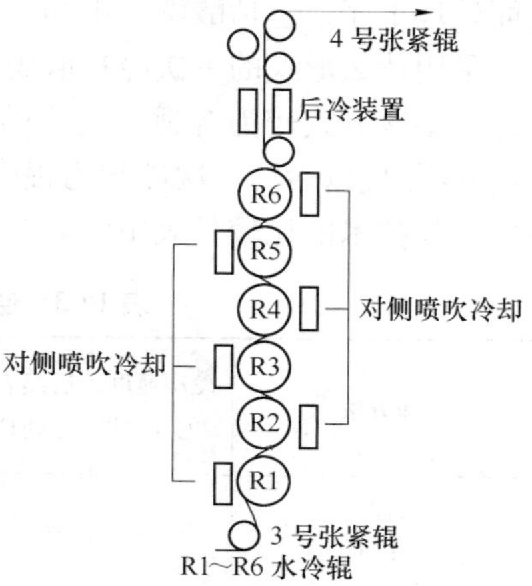

图10-27　辊冷和气冷复合冷却技术示意图

这样辊冷的冷却效果因气体喷射而加强，冷却速度范围扩大到50~150℃/s，而且带钢的板形及表面质量比单纯的辊冷有所提高。

继川崎之后，1984年新日铁实验了HGJC法，随后新日铁在国内外建造了近10条采用HGJC的连退线，主要用来生产镀锡板，包括宝钢1420mm冷轧连退线。新日铁的HGJC与川崎的HGJC不同之处主要是喷嘴结构不同，新日铁采用突出的圆柱状喷嘴，而川崎则采用窄缝喷嘴，据介绍采用圆柱状喷嘴保证带钢在宽度方向的均匀冷却。另外，与川崎的窄缝喷嘴相比，达到相同的冷却能力，所需喷气马达的功率要小。

（6）热水冷却技术（HOWAC）。热水冷却是比利时冶金研究中心及比利时考柯尔桑布尔钢铁公司（Cockehll-Sambre公司）在1984年共同研究开发的冷却技术。它具有如下特征：

1）冷却速度为30~150℃/s，远低于冷水水淬，但明显高于传统的喷气冷却。

2）通过沉没辅辊的上下移动，使得冷却终点温度控制十分简单，在生产软质带钢时无需再加热段，节约了能源，而这在冷水淬是不可能的。

3）热水冷却系统后部设有水雾喷射冷却装置，它是一种气体雾化水，雾化后高速喷射到带钢进行二次冷却，从300~350℃冷却到较低的温度，在生产双相钢及镀锡板时要用二次冷却。热水冷却通过中等冷却速度可较好地控制马氏体及残余奥氏体量，发挥合金成分的最大效能，使钢板获得更好的性能（如烘烤硬化性）。

4）采用热水冷却方法时，在常规GJC二次冷却段之后，带钢进入甲酸（也称蚁酸）酸洗槽，在酸洗过程中从200℃冷却至100℃左右，酸洗槽起到淬水槽的作用。

选用甲酸可以免去中和处理及其他处理，而且酸洗过程产生的蒸汽冷凝回到酸槽，甲酸基本不损失。

酸洗后设置的清洗段可清洗带钢并同时将带钢冷却到30℃左右。

用热水冷却法处理得到的带钢其磷酸盐层的致密度高，因而抗锈蚀性能好。

热水冷却法主要的缺点为：

1）设备投资增加。后续工艺中要增加酸洗工序及酸再生设备，增加了投资并影响产品收得率。

2）冷却的均匀性问题。热水冷却在稳定情况下带钢表面形成一层均匀蒸汽膜，当机组速度突然变化或沉没辊与带钢有不均匀接触时，这层膜就不均匀了，因此产生不均匀冷却，严重者影响带钢的平直度。

如上述介绍，一般气冷工艺的设备维护及操作都较简单，不需要后续表面处理工序，适于生产加工成型用钢。而水冷快速冷却工艺生产双相高强度钢板具有优越性，但需后续表面处理工序，包括酸洗、中和、水洗等，且板形也不易控制。

采用什么形式的一次冷却取决于该机组的产品品种结构，就目前的发展趋势看，一次冷却以辊冷方式较为合适。辊冷的冷却速度较快又不需要后续的表面处理工序，故在20世纪80年代以后，一次冷却为辊冷方式的连续退火机组就达17条之多。连续退火炉各种一次冷却技术的比较见表10-3。

表10-3　连续退火炉各种一次冷却技术的比较

冷却方法	冷却速度 /℃ · s^{-1}	后续表面处理	过时效或回火时间 /min	适用品种	设备维护	带钢板形	表面质量	带钢性能
气冷（GJG）	5~30	不需要	3~5	镀锡原板	简单	优	优	差
高速喷气冷却（HGJG、H-GJG）	10~100	不需要	2~4	镀锡原板冷轧板	简单	优	优	良
气水双相冷却（ACC）	50~200	需要	2~3	冷轧板	复杂	良	良	优
冷水淬冷却（WQ）	500~2000	需要	1	冷轧板高强度板	复杂	中	良	优
辊冷冷却（RC）	100~300	不需要	2~3	冷轧板	简单	良	中	优
热水淬冷却（HOWAC）	25~150	需要	2~4	冷轧板高强度板	简单	优	良	良
喷水与辊淬联合（GJG+RQ）	50~200	不需要	2~3.5	冷轧板	简单	优	良	良
水淬+辊冷联合（WQ+RC）	160~1000	需要	1.5~3	冷轧板高强度板	复杂	中	中	优

b　缓冷段设备（过时效室）

为了使加热和均热时固溶在α-Fe中过饱和的碳析出，在连续炉设有缓冷室，以使带钢在450℃左右保持一定的时间，以便使过饱和的碳析出。

冷却是通过向插在带钢间的钢制冷却管内通气进行的。每个通风道配一台鼓风机，通过鼓风机使通风道保持负压，并通过冷却管吸入外部空气，调整冷却管内空气流量以控制冷却能力。

c 急冷段设备

经过缓冷时效的带钢进入急冷段（也称终冷段），在急冷段中带钢之间安装有数十台喷气冷却器。从喷气冷却器喷嘴中高速喷出冷的保护气体，使带钢两面温度冷却到100℃以下。

喷气冷却器由向炉内供给冷却的保护气体的喷气管、吸入炉内保护气体的管道、热交换器和使炉内保护气体循环的鼓风机组成。喷气管对着带钢的一面有许多小孔，保护气体由此以50m/s左右的高速向带钢直吹，以带走带钢上的热量；被吹走的热气直接由吸入管道吸走，经热交换器冷却再循环。

因冷却器台数多，所以可以较容易地进行冷却能力的调整。

10.4 冷轧带钢表面质量及热处理缺陷

10.4.1 冷轧钢板的表面光亮度及清洁度

冷轧钢板的表面光亮度及清洁度主要指钢板表面的光洁明亮程度和钢板表面受污染的程度。理论上讲，钢板在保护性气体中进行退火，并经过退火前的预吹洗及退火中的吹洗过程，其表面残存的乳化液和残留物基本上被清理干净，可以获得良好的表面光洁度，但实际情况并非如此，仍存在污染。

带钢表面的污染物主要体现在碳的沉积量的多少，碳沉积的少，钢板表面一定光亮，反之则一定无光泽。被碳污染的冷轧钢板其表面会出现黑斑、黑带或大面积的灰暗色。带有上述污染物的带钢被送入平整机进行平整后，表面的碳被压入钢板内，直接影响后续的再处理工序。因为碳对钢板表面有着明显的腐蚀作用，即使在钢板的表面进行了涂镀层处理，也会使钢板从里向外锈蚀。

钢板表面清洁度的检测方法主要是阳极照射法和草酸动力冲洗法，以测定每平方米钢板上的含碳量（经测定，全氢炉生产的钢板表面含碳量为1~2g/m^2）。

10.4.2 影响钢板表面光亮度和清洁度的因素

影响钢板表面光亮度和清洁度的因素有：

（1）乳化液中含油量过高。冷轧机使用的乳化液由水、乳化剂和油组成，乳化液既有冷却又有润滑作用，而油在高温下会裂解成碳。如果这些碳得不到及时的去除，即会在带钢表面积存下来，经平整机平整后形成压痕。因此，乳化液中含油量是影响钢板质量的主要因素之一。

（2）保护罩内壁附着大量炭黑。由于乳化液中含油量很高，经罩式炉退火后会产生碳化现象，这些碳可能会在保护罩的内壁上聚集，并且随着退火炉次的增加而增加。如果不及时对其进行清除，在一定条件下，炭黑又会散落到另外的钢卷上，经平整加工后，使碳附着在钢带的表面上。

（3）炉台与对流板未清扫。同样，炉台与对流板的表面上也会沉积一些炭黑、油污、灰尘等污染物，如果装炉前不及时清除干净，炭黑、油污及灰尘也会散落到钢卷上，影响表面质量。

（4）钢卷上的乳化液吹除不干净。冷轧机的出口处一般设有吹扫装置，用来吹除带钢表面上残存的乳化液及油污。在生产中，由于喷嘴堵塞、吹扫角度异位等问题未能得到及时的处理，也会使乳化液与油污吹除不干净，使大量的乳化液及油污残留物被带入炉内，增加了炭黑的聚集量。如果在退火前对带钢予以比较彻底的清洗，就可较彻底地解决乳化液及油污对带钢表面的污染。

10.4.3　常见间歇式退火炉产品缺陷

10.4.3.1　冷轧钢板表面的黑带缺陷

缺陷特征：在退火后的带钢表面有大面积的黑色带状物，经鉴定为碳的残留物。

原因：吹扫不净。被吹物质主要包括冷轧钢板表面的残留物（金属碎屑、机械夹杂物和油性黏结物）和乳化液，特别是乳化液。在退火加热初期，钢带表面乳化液中的轧制油受热挥发，随着温度的升高，部分未随热气体排出的轧制油产生热解反应，如不及时吹净，将在冷却过程中沉积在钢带表面形成炭黑。某轧制油挥发曲线如图 10-28 所示。

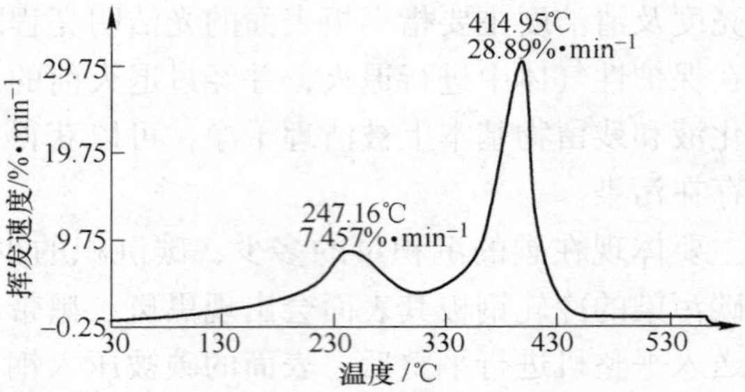

图 10-28　某轧制油挥发曲线

解决措施：

（1）分析所用乳化液（或轧制油）在高温时的挥发特性，找出高挥发温度点。

（2）制定相应的吹扫工艺，在乳化液的高挥发温度点附近，提高吹扫能力，以达到提供足够的氢来与碳反应，并将反应物甲烷带出炉外的目的。

10.4.3.2　氧化色

缺陷特征：钢带表面被氧化，其颜色由边部的深蓝色逐步到浅蓝色、淡黄色的现象称氧化色，如图 10-29 所示。

原因：

（1）退火时保护罩密封不严或漏气发生化学反应。

（2）保护罩吊罩过早，高温出炉，钢卷边缘表面氧化。

（3）保护气体成分不纯。

（4）加热前预吹扫时间不足，炉内存在残氧，钢卷在氧化性气氛中退火。

危害：影响钢带表面质量和涂装效果。

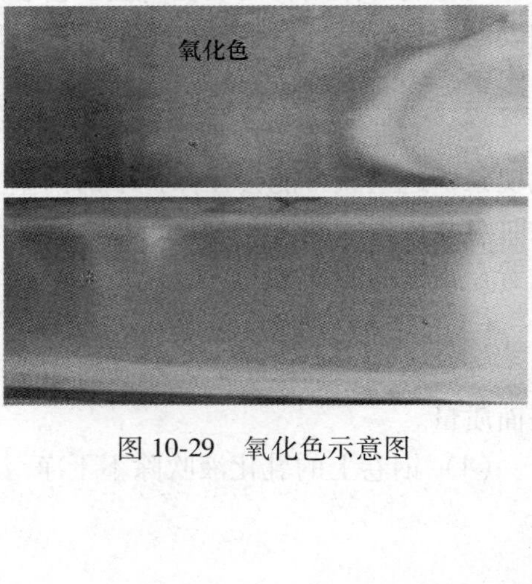

图 10-29　氧化色示意图

10.4.3.3 黏结痕迹

缺陷特征：退火钢卷层间互相黏合在一起称为黏结，如图 10-30 所示。黏合的形式有点状、线状和块状黏合。黏结严重时，手摸有凸起感觉，多分布于带钢的边部或中间。严重的块状黏结，开卷时被撕裂或出现孔洞，甚至无法开卷。平整后表面为横向亮条印迹或马蹄状印迹簇集。

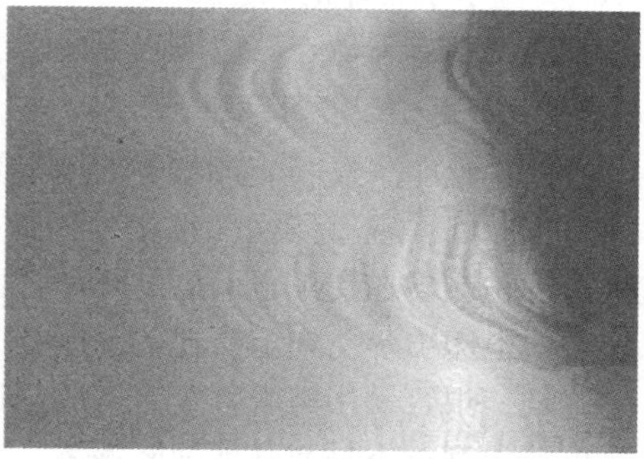

图 10-30 黏结痕迹示意图

黏结痕迹原因：

（1）冷轧时卷取张力过大或张力波动。板形不好，在层间压力较大部位产生黏结。

（2）带钢表面粗糙度太小。

（3）板形不良产生边浪和中间浪以及存在焊缝、塔形、溢出边等。吊运夹紧时局部挤压以及堆垛时下层受压等造成局部压紧黏结。

（4）炉温控制不当，温度过高。

（5）钢质太软，钢中碳硅含量少，黏结倾向高。

（6）退火工艺不合理，退火时间太长或退火工艺曲线有误等。

黏结痕迹解决的措施：

（1）尽可能使用全氢作为保护气体。

（2）适当降低卷取张力。

（3）适当提高吹扫气体的压力和吹扫时间，尽可能将铁粉带走。

10.4.3.4 擦划伤

卷取擦划伤是罩退产线通有的缺陷，其产生的原因是张力不匹配问题，造成的层间错动，具体要求上游产线的卷曲张力大于下游产线的开卷张力，如图 10-31 所示。

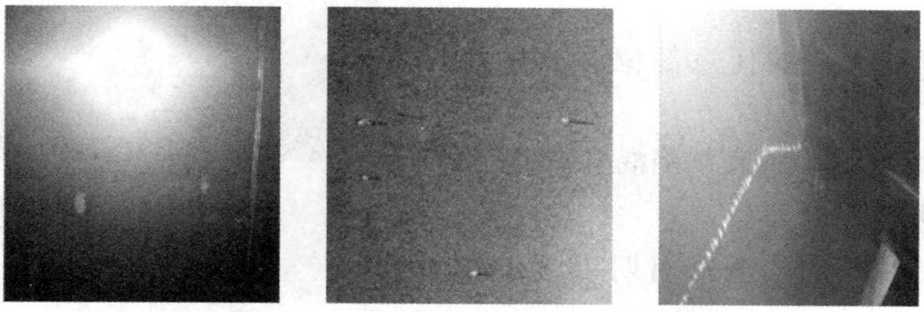

图 10-31 擦划伤示意图

10.4.4 连续退火炉产品表面缺陷

10.4.4.1 硌痕

特征：硌痕是在带钢表面周期性的点状凹陷。

产生原因：硌痕是由于冷轧或平整过程中工作辊有压痕造成的。

鉴别：硌痕的一个主要特征是它们沿长度方向周期性地出现。与工作辊圆周相吻合。

图 10-32 显示了辊印的典型形状。

可能误判：不易与其他缺陷混淆。

10.4.4.2　辊印条纹

特征：辊印条纹（辊印线）是与轧制方向平行的一系列高点。

产生原因：辊印条纹（辊印线）是由工作辊面上呈射线状分布的凹印或缺口造成的。这是由沉积或黏在支撑辊面上的外来物而引起。由于工作辊与支撑辊径不同，黏着物会在工作辊面上印出一条如上所述的凹印。

鉴别：很容易用肉眼判定，一般呈连续或周期性分布，如图 10-33 所示。

可能误判：不易与其他缺陷混淆。

图 10-32　硌痕示意图

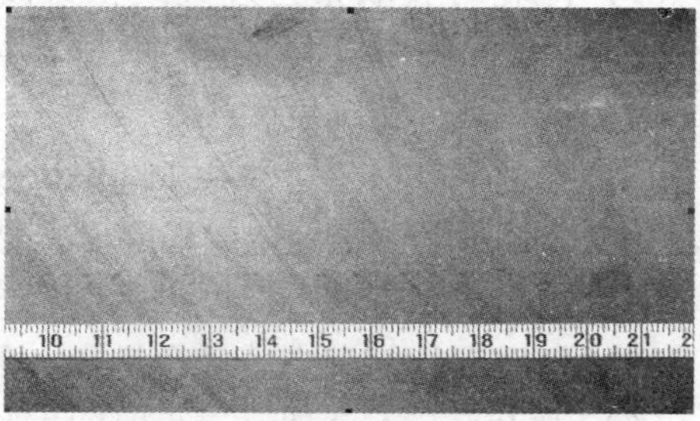

图 10-33　辊印条纹示意图

10.4.4.3　压痕

特征：带钢表面压入其他物体印痕。

产生原因：

（1）在轧制过程中，有异物被压入，无规律，如焊渣、烟灰、退火残留物等。

（2）在轧制过程中，有时脏物黏附在轧辊表面。

鉴别：带钢表面的任意部位，如图 10-34 所示。

可能误判：不易与其他缺陷混淆。

图 10-34　压痕示意图

10.4.4.4　辊印

特征：按辊子的周长，周期出现的凸凹压印。

产生原因：

（1）工作辊表面局部剥落。

（2）工作辊表面局部裂纹。

（3）带钢跑偏断带损坏辊子。

（4）工作辊表面存在缺陷。

（5）穿带甩尾时带头带尾撞击。

鉴别：带钢表面的任意部位，如图 10-35 所示。

可能误判：本缺陷不易与其他缺陷混淆。

10.4.4.5　锈斑

特征：锈斑是具有铁的锈蚀物的表层。锈斑在带钢上有不同的形状，外沿表现为黄红色斑到黑色斑。

产生原因：锈斑是由钢板表面含水的液体造成的。温度的波动、空气的潮湿以及长期的贮存都有利于锈斑的产生。特别是在贮存时，如果带钢没有事先涂抹防腐剂，或者没有得到全面的包装，就会造成这种缺陷，在运输时也如此。

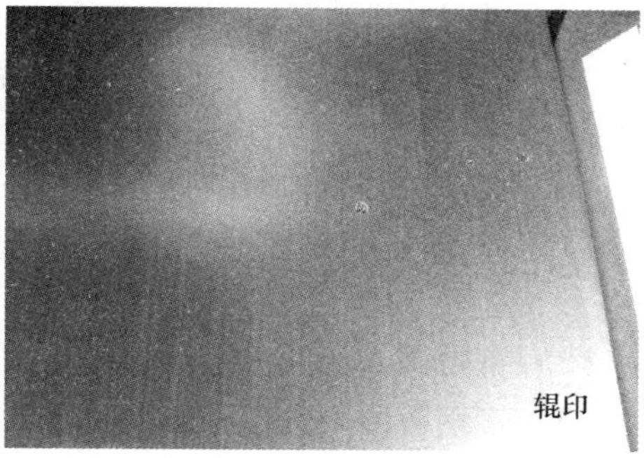

图 10-35　辊印示意图

鉴别：锈斑可用肉眼来识别，如图 10-36 所示。

可能误判：不易与其他缺陷混淆。

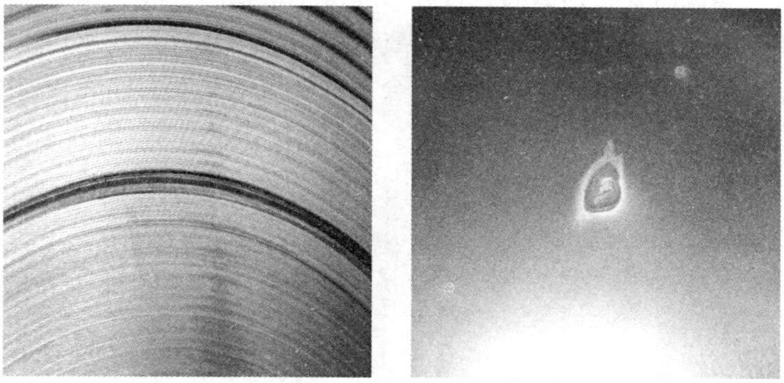

图 10-36　锈斑示意图

10.4.4.6　热瓢曲

特征：经连续退火炉的产品沿轧制方向产生的纵向褶皱。

产生原因：

（1）连续炉炉部速度变化频繁或急骤。

（2）炉部停车或降速时没有相应适当地降温。

（3）产品品种规格变换时炉况不稳定或退火的钢带某部位突然减薄。

（4）炉温、炉部张力，炉部速度控制不佳，工艺操作不稳定。

鉴别：大多在带钢的中部，严重的在整个板面，如图 10-37 所示。

可能误判：不易与其他缺陷混淆。

图 10-37　热瓢曲示意图

10.4.4.7　溢出边

特征：钢卷的局部部位，卷取不整齐或钢卷边部参差不齐。

产生原因：

（1）钢卷从卷取机推出时，内圈被卷筒带出。

（2）钢带进入卷取机时对中不良。

（3）带钢板形不良，有较大的蛇形。

鉴别：出现在带钢的两边，如图 10-38 所示。

图 10-38　溢出边示意图

可能误判：不易与其他缺陷混淆。

10.4.4.8　氧化色

特征：退火的冷轧板，沿带钢边部出现的蛇形或云状条纹，呈彩色或灰色以至黑色。连续退火的材料，变色通常是均匀的，且发生在整个带钢的宽度上。

产生原因：炉温过高，保护气体中含有氧气。

鉴别：氧化变色可用肉眼看出，此缺陷会在整个带钢宽度上伸展，如图 10-39 所示。

可能误判：不易与其他缺陷混淆。

图 10-39　氧化色示意图

10.4.4.9　划伤

特征：划伤是发生在轧机轧辊工序中，沿轧制方向大小不一的沟、槽或深的划伤，有时伴有轻微的折叠，不含氧化铁皮夹杂。

产生原因：由于冷带上卷或下卷之间的相对滑动产生，还可能在酸洗线上带钢产生接触或摩擦使带钢划伤。

鉴别：划伤常常只与轧制时的暗影或材料折叠一样，没有氧化铁皮或钢渣夹杂，显微断面与周围组织不同有撕裂现象，如图 10-40 所示。

可能误判：可能与热带划伤或纵向发裂相混淆。

10.4.4.10　孔洞

特征：孔洞是材料非连续的、贯穿带钢上下表面的缺陷。

产生原因：材料撕裂产生孔洞。在轧制过程中，带钢断面局部疏松，该处的应力超过材料的变形极限（如塑性）。带钢越薄，其现象越明显。

鉴别：孔洞很容易用肉眼判定，或用高速加工专用试验设备，引起孔洞的原因可由金相方法查明，如图 10-41 所示。

可能误判：不易与其他缺陷混淆。

图 10-40　划伤示意图

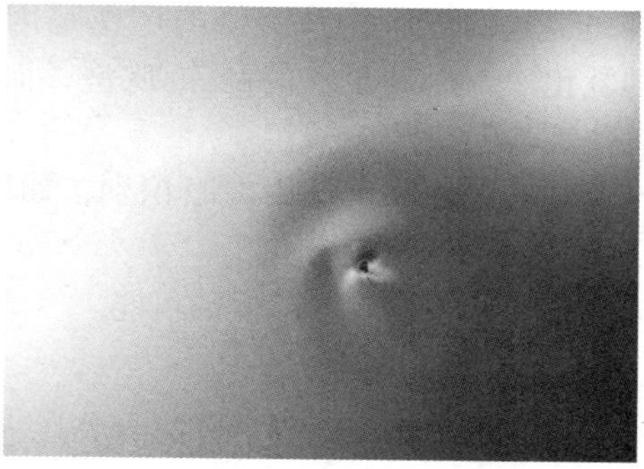

图 10-41　孔洞示意图

10.4.4.11　气泡

特征：表面夹层形状不规则，呈片状折叠并伴有非金属夹杂物。表面夹层的形式和尺寸变化范围很大，夹层的金属有不规则的周边形状，并被非金属夹杂物、氧化物或氧化铁皮等从基体上剥离出来。

产生原因：表面夹层是由连铸工艺中非金属夹杂束导致，开始存在于皮下，加工后暴露于外，也可由结晶器或清理表面缺陷诱发。

鉴别：很容易用肉眼判定，如图 10-42 所示。

可能误判：不易与其他缺陷混淆。

10.4.4.12　羽痕/平整纹

特征：羽纹/平整纹是在平整过程中出现的线痕，呈羽纹状。可占局部或布满整个带宽。

产生原因：由于带钢在辊缝中产生不均匀延伸。

鉴别：很容易用肉眼判定，如图 10-43 所示。

可能误判：不易与其他缺陷混淆。

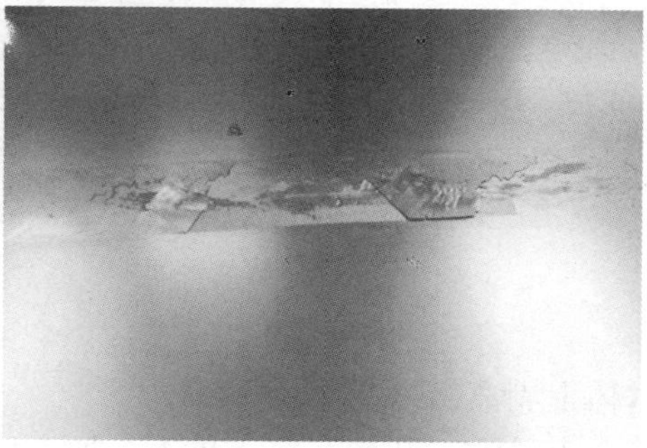

图 10-42　气泡示意图

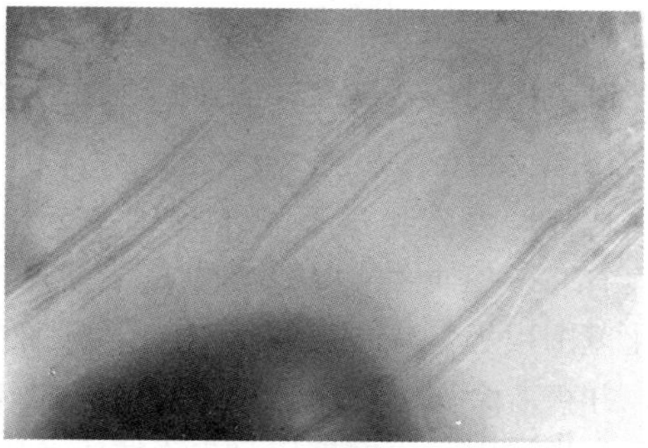

图 10-43　羽痕/平整纹示意图

10.4.4.13　乳化液斑

特征：乳化液斑是带钢表面破裂的乳化液残留物。它不均匀地分布在带钢表面，是一些形状不规则的暗斑。

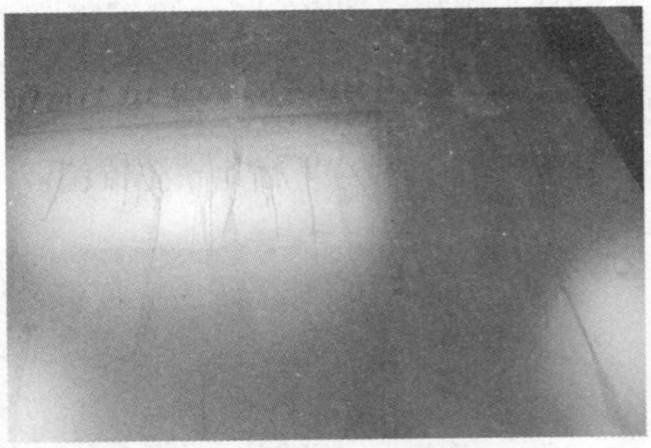

图 10-44　乳化液斑示意图

产生原因：乳化液斑是由于乳化液残留物破裂而引起的。这些残留物的产生是因为带钢上的乳化液未得到足够的刮除/吹洗，而在退火时乳化液未能蒸发。

鉴别：乳化液斑可用肉眼识别，如图 10-44 所示。

可能误判：没有混淆性的可能。

10.4.4.14　异物压入

特征：带钢生产过程。外来异物压入到钢板表面，形状不规则称异物压入。

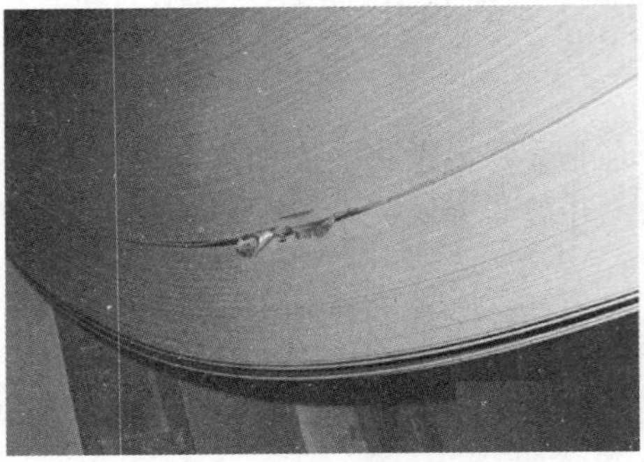

图 10-45　异物压入示意图

产生原因：

（1）精轧及卷取侧导板与带钢边部摩擦，产生杂物飞进带钢表面被压入。

（2）轧制线设备上的异物落到带钢上。

鉴别：钢板上不允许存在异物压入缺陷，对局部缺陷允许用修磨的方法清理，但是不得超过有关标准规定的深度和范围，如图 10-45 所示。

可能误判：没有混淆性的可能。

10.4.4.15　油斑

特征：钢带表面上存在大小不等的蓝褐色、深褐色的斑迹，经退火炉的，一般有明显的轮廓线。

图 10-46　油斑示意图

产生原因：

（1）机组漏油。

（2）行车漏油。

鉴别：钢带上下表面均可能出现，如图 10-46 所示。

可能误判：不易与其他缺陷混淆。

10.4.4.16　夹杂

特征：表面夹层形状不规则，呈片状折叠并伴有非金属夹杂物。表面夹层的形式和尺寸变化范围很大，夹层的金属有不规则的周边形状，并被非金属夹杂物、氧化物或氧化铁皮等从基体上剥离出来。

产生原因：表面夹层是由连铸工艺中非金属夹杂束导致，开始存在于皮下，加工后暴露于外，也可由结晶器或清理表面缺陷诱发。

鉴别：很容易用肉眼判定，如图 10-47 所示。

可能误判：不易与其他缺陷混淆。

10.4.4.17　边裂

特征：钢板边缘沿长度方向的一侧或两侧出现破裂称为边裂，严重者钢板边部全长呈现锯齿边。

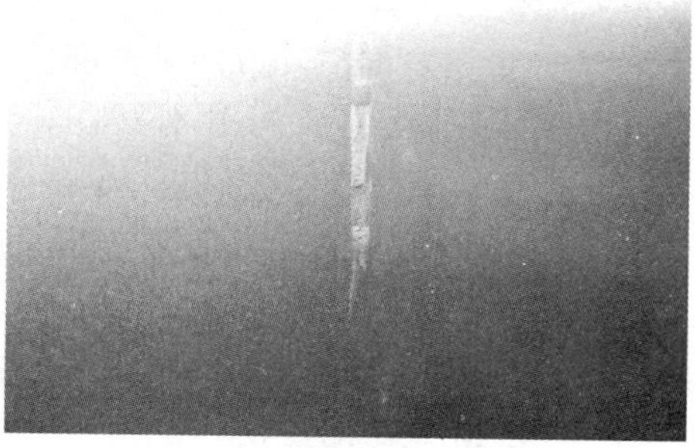
图 10-47　夹杂示意图

产生原因：

（1）板坯边缘出现角裂、过烧、气泡暴露。

（2）轧辊调整不好或辊型与板形配合不好，使带钢边部不均匀。

（3）轧件边部温度过低或张力设定过大。

（4）由于板坯的硫铜量较高，轧制时钢板的热脆性大。

鉴别：切边钢板不许有裂边存在，对于不切边的钢卷，边裂深度不得超过标准规定，如图 10-48 所示。

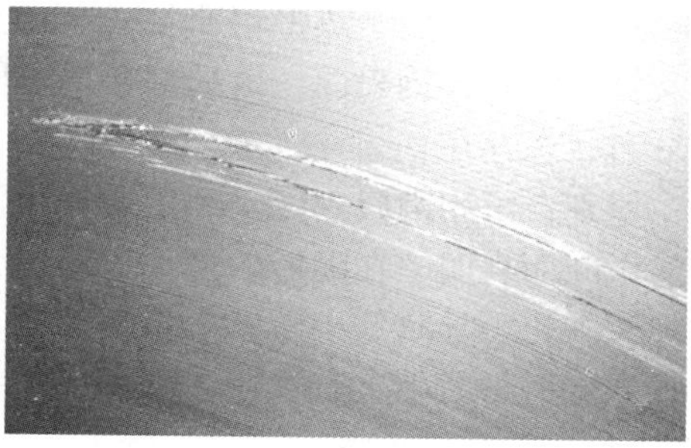
图 10-48　边裂示意图

可能误判：不易与其他缺陷混淆。

10.4.4.18　边浪

特征：边浪是沿轧制方向伸展的波形起伏，它不在整个带钢宽度上伸展。

产生原因：

（1）由进入的带钢断面的辊缝偏移引起的。

（2）由进入的带钢的断面突起造成。

（3）由辊缝的错误调节造成。边浪也可由于圆盘剪调节错误而引起，也可由于带钢边缘与固定不动的结构部件（例如导板）的碰触而引起。

鉴别：带钢不带张力时可用肉眼识别出边浪和中间浪，如图 10-49 所示。

可能误判：没有混淆的可能。

图 10-49　边浪示意图

10.4.4.19　色差

特征：带钢表面沿轧方向某一部位与其他部位亮度明显不一样，有明显的不同。

产生原因：乳化液润滑不好，轧辊粗糙度不均。

鉴别：带钢表面沿轧方向某一部位颜色有明显的不同，如图 10-50 所示。

图 10-50　色差示意图

可能误判：此缺陷易与轧辊辊印混淆。

10.4.4.20　氧化铁皮

特征：残余氧化铁皮是在酸洗工序中没有被洗净的氧化铁皮冷轧时被压入带钢表面。外观有麻点、线痕和大面积压痕。

产生原因：由于热带初期除鳞不完全，或酸洗不干净，氧化铁皮残留在带钢表面，之后又被轧入到带钢表面，该缺陷会以不同的形式和分布状态存在。

鉴别：可用肉眼判定。利用金相检测、特别是显微断面表明，在随后的退火工序中，局部的大加工硬化可导致细小的铁素体再结晶，当变形在临界变形量时则会产生粗大的晶粒组织，如图 10-51 所示。

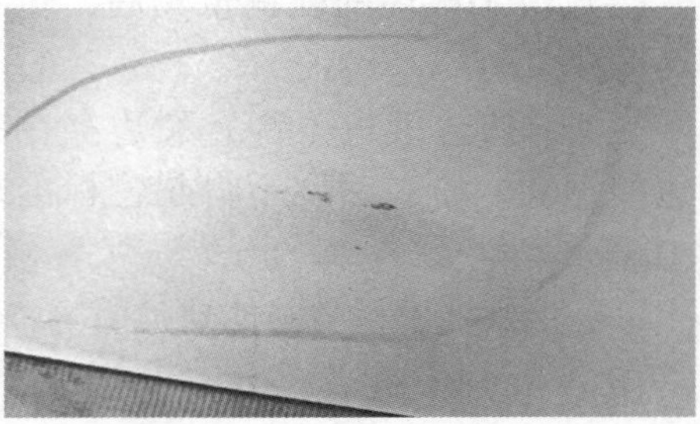

图 10-51　氧化铁皮示意图

可能误判：易与热带划痕混淆。

10.4.4.21　锯齿边

特征：带钢边缘上出现大量细小的横向裂边、裂口，长短不一，形如锯齿状，有时是连续的，有时是断续的，有时两边均有锯齿边，有时为单边锯齿状。

产生原因：带钢在冷轧酸洗线上切边不良引起的，切边时的过度冷变形（挤压）会使边部在冷轧时形变过度，导致材料开裂。

鉴别：锯齿边可用肉眼鉴别，如图 10-52 所示。

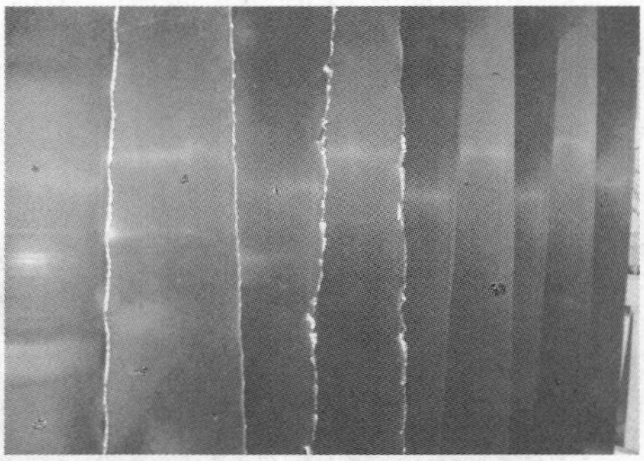

图 10-52　锯齿边示意图

可能误判：本缺陷不易误判或与其他缺陷混淆。

10.4.4.22　亮点

特征：钢板表面与周围颜色有明显区别的亮点。

产生原因：冷带表面的附着物和炉内气氛波动均可导致炉内沉积（纯铁层状沉积，可有也可无层间氧化物）。尺度从微厘到几厘米厚，其宽度依炉辊周长而变化，在特定情况下（温度、时间或速度、压力或钢带张力），这些粒子黏附于钢带上并被带走。炉辊上的沉积物会导致钢带上的凸起、凹痕或凹坑。

鉴别：亮点可用肉眼鉴别，轻微的亮点可以用频闪仪观看，如图 10-53 所示。

可能误判：个别情况下，亮点可能会与氧化铁皮鳞片缺陷混淆。

10.4.4.23　宽窄印

特征：带钢表面沿轧方向某一部位与其他部位亮度明显不同。

产生原因：乳化液润滑不好，轧辊粗糙度不均。

鉴别：带钢表面沿轧方向某一部位颜色有明显的不同，如图 10-54 所示。

可能误判：此缺陷易与轧辊辊印混淆。

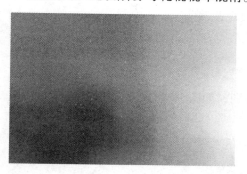

图 10-53　亮点示意图

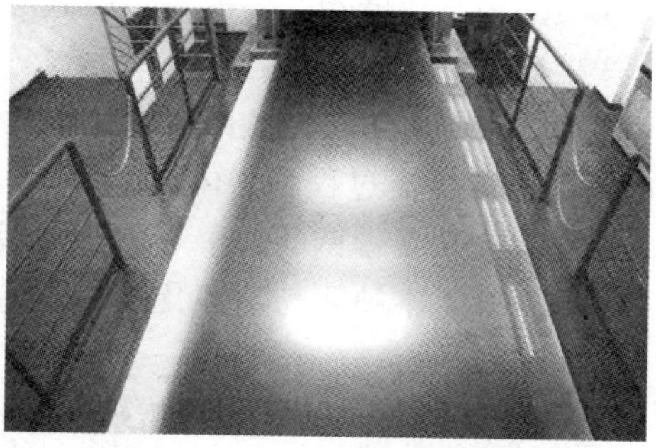

图 10-54　宽窄印示意图

10.4.4.24　翘皮

特征：呈“舌状”或“鱼鳞片状”，有密合的，有张开的，大部分有部分与带钢本体相连。

产生原因：

（1）皮下气泡轧后破裂延伸造成。

（2）在连铸过程中，渣子卷入，轧制后形成的翘皮。

鉴别：主要分布在带钢的边部，如图 10-55 所示。

可能误判：本缺陷易与气泡缺陷混淆。

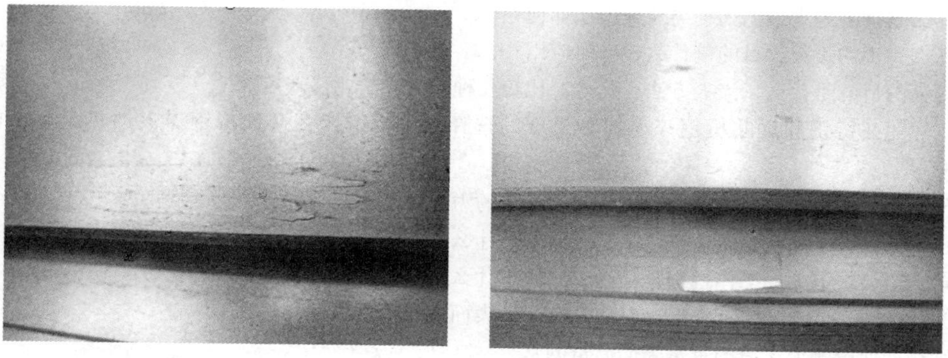

图 10-55　翘皮示意图

10.4.4.25　折皱（横折印）

特征：带钢的边部呈现皱纹状小折印（极少数在钢板中间的某一部位）。这种缺陷多数发生在平整机处。

产生原因：

（1）冷轧过程中轧机负弯过大导致边部过度减薄。

（2）带钢过平整机时平整机负弯过大导致边部过度减薄。

鉴别：主要分布在带钢的两边（极少数在钢板中间的某一部位），如图 10-56 所示。

可能误判：本缺陷不易与其他缺陷混淆。

10.4.4.26　表面粗晶（暗斑）

特征：表面局部出现颜色较暗的斑点，呈现雨点状，一般沿轧制方向呈椭圆状，宽度约为 3~10mm，长度约 5~30mm，DC03 产品易出现此缺陷。

产生原因：

（1）与热轧生产工艺相关。

（2）连退生产过程中炉内温度局部过高。

鉴别：分布在带钢的整个表面，可用肉眼鉴别，如图 10-57 所示。

可能误判：本缺陷易与氧化铁皮混淆。

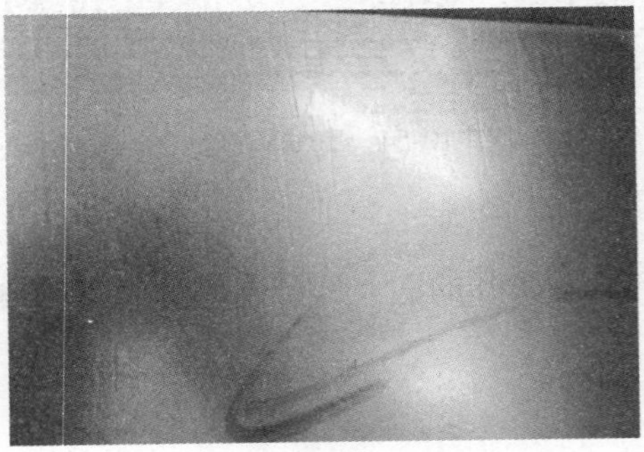

图 10-56　折皱示意图

图 10-57　表面粗晶示意图

习　题

10-1　什么是钢的退火，退火种类及其用途如何？

10-2　什么是钢的正火，目的是什么，有何应用？

10-3　淬火的目的是什么，淬火方法有几种？比较几种淬火方法的优缺点。

10-4　试述亚共析钢和过共析钢淬火加热温度的选择原则。为什么过共析钢淬火加热温度不能超过 $A_{c_{cm}}$ 线？

10-5　什么是调质处理，回火索氏体比正火索氏体的力学性能为何较优越？

10-6　连续退火的工序是什么，每道工序的目的是什么？

10-7　罩式退火炉退火的操作过程是什么，应注意什么？

10-8　为什么经过清洗的带钢在退火时依旧会产生表面质量不良的现象？

10-9　碳是如何影响退火后的带钢表面质量的？

第4篇　安全及防护知识

11　安全生产基础知识

安全生产是安全与生产的统一，其宗旨是安全促进生产，生产必须安全。搞好安全工作，改善劳动条件，可以调动职工的生产积极性；减少职工伤亡，可以减少劳动力的损失；减少财产损失，可以增加企业效益，无疑会促进生产的发展；而生产必须安全，则是因为安全是生产的前提条件，没有安全就无法生产。

安全生产是指在社会生产活动中，通过人、机、物料、环境、方法的和谐运作，使生产过程中潜在的各种事故风险和伤害因素始终处于有效控制状态，切实保护劳动者的生命安全和身体健康。也就是说，为了使劳动过程在符合安全要求的物质条件和工作秩序下进行的，防止人身伤亡财产损失等生产事故，消除或控制危险有害因素，保障劳动者的安全健康和设备设施免受损坏、环境的免受破坏的一切行为。

11.1　安全生产概念及隐患排查知识

11.1.1　基本概念

11.1.1.1　安全

安全是指在生产、生活系统中，能将人员伤亡或财产损失的概率和严重度控制在可接受水平之下的状态。安全是一个相对的概念，没有绝对的安全。任何事物中都包含有不安全因素，具有一定的危险性。

11.1.1.2　危险源

危险源是指可能造成人员伤害和疾病、财产损失、作业环境破坏或其他损失的根源或状态。危险源一般分为两大类，第一类危险源是指生产过程中存在的，可能发生意外释放的能量，包括生产过程中各种能量源、能量载体或危险物质。这类危险源主要决定了事故后果的严重程度，通常具有的能量越多，发生事故后果越严重。第二类危险源是指导致能量或危险物质约束或限制措施破坏或失效的各种因素，包括物的故障、人的失误、环境不良以及管理缺陷等因素。这类危险源通常决定事故发生的可能性，一般来说出现越频繁，发生事故的可能性越大。危险源若不能得到有效控制就可能存在事故隐患，从而产生生产安全事故。因此，对于存在事故隐患的危险源一定要及时整改，以避免事故的发生。

11.1.1.3　危险

危险是安全的对立状态。危险是指在生产、生活系统中一种潜在的，致使人员伤亡或财产损失的不幸事件（即事故）发生的概率及其严重度超出可接受水平的状态。危险是系统中存在导致发生不期望后果的可能性超过了人们的承受程度。主要涉及危险环境、危险条件、危险状态、危险物质、危险场所、危险人员、危险因素等。

安全和危险是相伴存在的一对矛盾。安全是相对的，危险是绝对的。任何系统都包含有不安全因素，都具有一定的危险性，没有绝对安全的系统。由此可见，危险不会因为技术的先进性，设备设施的完善可靠性而消失。

11.1.1.4　风险

风险是指特定危害事件发生的可能性及其引发的人身伤害或健康损害的严重性的组合。

风险主要强调系统的不安定性、不确定性。与危险相比，风险的内涵更加宽泛，如图 11-1 所示。风险与安全是对立的，用来描述系统危险性的大小。风险是可知可控的。其作用是预见不幸事件的发生及后果。风险度表示风险的大小，用来表示危险的程度。

$$R = f(F,\ C) \tag{11-1}$$

式中　R——风险；

F——发生事故的可能性；

C——发生事故后果的严重性。

安全与危险的关系：　系统安全（度）= 1 - 系统危险（度）　　(11-2)

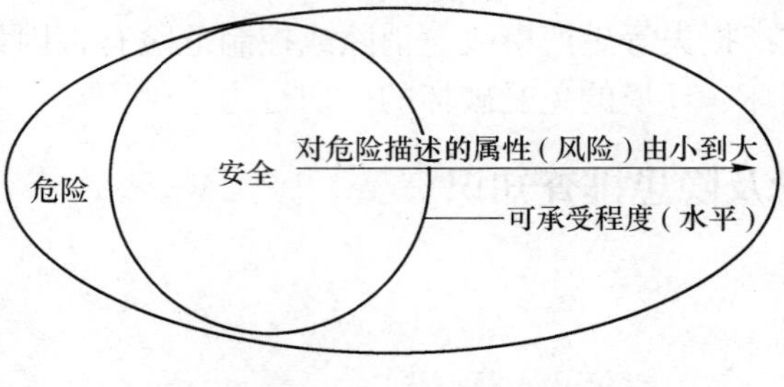

图 11-1　安全、危险、风险关系图

11.1.1.5　事故隐患

事故隐患是指隐藏的、可能导致事故的祸患，是在生产活动过程中，受科学知识和技术力量的限制，或由于人们认识上的局限，未能有效控制可能会引起事故的行为或状态，或者是二者的结合。在生产经营活动中，若生产经营单位违反安全生产法律、法规、规章、标准、规程和安全生产管理制度的规定，或者因其他因素存在可能导致事故发生的物的危险状态、人的不安全行为和管理上的缺陷便构成了事故隐患。

11.1.1.6　事故

事故是造成伤亡、疾病、伤害、损坏或其他损失的意外情况。生产中的事故是指在工程建设、工业生产、交通运输等社会经济活动中发生的可能带来物质损失和人身伤害的意外事件。事故的破坏作用主要表现在对人的生命与健康造成损害；对社会、企业、家庭的财产造成损失；对环境造成损坏等方面。后果非常轻微或未导致不期望后果的事故称为“险肇事故”或“未遂事故”。

11.1.2 生产安全事故的分类和分级

11.1.2.1 生产安全事故分类

根据《企业职工伤亡事故分类标准》（GB 6441—1986），综合考虑起因物、引起事故的诱导性原因、致害物、伤害方式等，将企业工伤事故分为20类，分别为物体打击、车辆伤害、机械伤害、起重伤害、触电、淹溺、灼烫、火灾、高处坠落、坍塌、冒顶片帮、透水、放炮、火药爆炸、瓦斯爆炸、锅炉爆炸、容器爆炸、其他爆炸、中毒和窒息及其他伤害等，见表11-1。

表11-1 企业职工伤亡事故分类表

序号	事故类别名称	说明
1	物体打击	指物体在重力或其他外力的作用下产生运动，打击人体造成人身伤亡事故，包括落物、滚石、锤击、碎裂、崩块、砸伤，不包括因机械设备、车辆、起重机械、坍塌、爆炸等引起的物体打击
2	车辆伤害	指企业机动车辆在行驶中引起的人体坠落和物体倒塌、下落、挤压伤亡事故，包括挤、压、撞、颠覆等，不包括起重设备提升、牵引车辆和车辆停驶时发生的事故
3	机械伤害	指机械设备运动（静止）部件、工具、加工件直接与人体接触引起的夹击、碰撞、剪切、卷入、绞、碾、割、刺等伤害，不包括车辆、起重机械引起的机械伤害
4	起重伤害	指各种起重作业（包括起重机安装、检修、试验）中发生的挤压、坠落、（吊具、吊重）物体打击和触电
5	触电	指电流流过人体或人与带电体间发生放电引起的伤害，包括雷击
6	淹溺	指各种作业中落水及非矿山透水引起的溺水伤害
7	灼烫	指火焰烧伤、高温物体烫伤、化学灼伤（酸、碱、盐、有机物引起的体内外灼伤）、物理灼伤（光、放射性物质引起的体内外灼伤）、射线引起的皮肤损伤等，不包括电烧伤及火灾事故引起的烧伤
8	火灾	造成人员伤亡的企业火灾事故
9	高处坠落	指在高处作业中发生坠落造成的伤亡事故，包括由高处落地和由平地落入地坑，不包括触电坠落事故
10	坍塌	指建筑物、构筑物、堆置物倒塌及土石塌方引起的事故，不包括矿山冒顶片帮和车辆、起重机械、爆炸、爆破引起的坍塌事故
11	冒顶片帮	指矿山开采、掘进及其他坑道作业发生的顶板冒落、侧壁垮塌
12	透水	指矿山开采及其他坑道作业时因涌水造成的伤害
13	爆破	指由爆破作业引起的事故，包括因爆破引起的中毒
14	火药爆炸	指火药、炸药及其制品在生产、加工、运输、储存中发生的爆炸事故
15	瓦斯爆炸	包括瓦斯、煤尘与空气混合形成的混合物的爆炸
16	锅炉爆炸	指工作压力在0.07MPa以上、以水为介质的蒸汽锅炉的爆炸
17	压力容器爆炸	包括物理爆炸和化学爆炸
18	其他爆炸	指可燃性气体、蒸汽、粉尘等与空气混合形成的爆炸性混合物的爆炸，以及炉膛、钢水包、亚麻粉尘的爆炸等
19	中毒和窒息	指职业性毒物进入人体引起的急性中毒、缺氧窒息、中毒性窒息伤害
20	其他伤害	上述范围之外的伤害事故，例如冻伤、扭伤、摔伤、野兽咬伤等

11.1.2.2　生产安全事故分级

根据《生产安全事故报告和调查处理条例》（国务院令第 493 号）将“生产安全事故”定义为：生产经营活动中发生的造成人身伤亡或者直接经济损失的事件。根据生产安全事故造成的人员伤亡或者直接经济损失，事故一般分为以下等级（见表 11-2）：

（1）特别重大事故，是指造成 30 人以上死亡，或者 100 人以上（含 100 人）重伤（包括急性工业中毒，下同），或者 1 亿元以上直接经济损失的事故。

（2）重大事故，是指造成 10 人以上 30 人以下死亡，或者 50 人以上（含 50 人）100 人以下重伤，或者 5000 万元以上 1 亿元以下直接经济损失的事故。

（3）较大事故，是指造成 3 人以上 10 人以下死亡，或者 10 人以上（含 10 人）50 人以下重伤，或者 1000 万元以上 5000 万元以下直接经济损失的事故。

（4）一般事故，是指造成 3 人以下死亡，或者 10 人以下重伤，或者 1000 万元以下直接经济损失的事故。

表 11-2　生产安全事故分级

项目	特大	重大	较大	一般
死亡/人	≥30	10~29	3~9	<3
重伤/人	≥100	50~99	10~49	<10
经济损失/亿元	≥1	0.5~1	0.1~0.5	<0.1

11.1.2.3　生产安全事故隐患排查与治理

A　风险的分级

安全风险分级管控是对辨识出的安全风险分类梳理，通过风险评估方法确定安全风险等级，明确对应的技术和管理措施，把可能导致的后果限制在可防、可控范围之内。

风险识别非常重要，它是事故隐患排查治理的基础工作，只有全面、准确地识别出风险并采取有效措施控制住风险，才能减少隐患。安全风险等级从高到低划分为重大风险、较大风险、一般风险和低风险，分别用红、橙、黄、蓝 4 种颜色标示。蓝色的稍有危险，可接受。车间、科室引起关注并负责控制管理，班组、岗位具体落实。黄色的需要控制整改，公司、主管部门引起关注，车间、科室具体落实。橙色以上，公司需重点控制管理。针对重大安全风险源，行业部门会开展应急能力评估，编制本行业重大安全风险源企业与属地政府“一对一”事故应急预案并组织开展应急演练。风险矩阵如图 11-2 所示。

风险等级		后果严重性				
		很小 1	小 2	一般 3	大 4	很大 5
可能性	基本不可能 1	低	低	低	一般	一般
	较不可能 2	低	低	一般	一般	较大
	可能 3	低	一般	一般	较大	重大
	较可能 4	一般	一般	较大	较大	重大
	很可能 5	一般	较大	较大	重大	重大

图 11-2　风险矩阵图

B 事故隐患分级

事故隐患根据危害和整改难度分为一般隐患和重大隐患两级，一般事故隐患是指危害和整改难度较小，发现后能立即整改排除的隐患。一般事故隐患治理需投入整改费用较少，往往责任部门就能组织治理，且事故隐患风险不会导致重伤或死亡事故。

重大事故隐患是指危害和整改难度较大，应当一部或者局部停产停业，并经过一定时间整改治理方能排除的隐患，或者因外部因素影响致使生产经营单位自身难以排除的隐患。重大事故隐患通常需投入的整改费用较大，仅凭责任部门难以组织治理。

C 生产安全事故隐患的排查

常态化的排查一般包括日常检查、综合检查、专业检查、节假日检查、季节性检查。

（1）日常检查。日常检查是指由生产经营单位的安全生产管理部门、车间、班组或岗位组织对事故隐患进行的经常性检查。一般来讲，包括交接班检查、班前检查、班中检查、班后检查等几种形式。

（2）综合检查。综合检查是指对生产经营活动中的事故隐患进行全面综合性检查的一种隐患排查方法。检查的内容包括软件系统和硬件系统。软件系统主要是检查安全意识、安全生产规章制度、安全生产管理、应急管理、事故调查分析处理等方面的事故隐患。硬件系统主要是检查生产设备、辅助设施、安全设施、作业环境等方面的事故隐患。

（3）专业检查。专业检查是指对某个专业（项）存在的事故隐患或在施工（生产）中存在的带有普遍性事故隐患进行的单项定性或定量检查的一种隐患排查方法。如对危险性较大的在用设备设施、安全设施或作业场所环境条件等进行的定性检查或定量的检测检验。

（4）节假日检查。节假日检查是指在节假日前后对事故隐患进行有针对性检查的一种隐患排查方法。节假日，特别是一些重大节日，如元旦、春节、劳动节、国庆节、圣诞节等节假日前后是事故易发时段，需加强节假日事故隐患排查。

（5）季节性检查。季节性检查是指对具有季节性特点的事故隐患进行针对性检查的一种隐患排查方法。如冬季防冻保温、防火、防煤气中毒检查，夏季防暑降温、防汛、防雷电检查等。

11.2 安全生产培训

《生产经营单位安全培训规定》（国家安监总局令第 3 号）明确规定了对生产经营单位中的主要负责人、安全生产管理人员、特种作业人员和其他从业人员安全培训的要求。

11.2.1 对主要负责人的培训

主要培训内容：

（1）国家安全生产方针、政策和有关安全生产的法律、法规、规章及标准。

（2）安全生产管理基本知识、安全生产技术、安全生产专业知识。

（3）重大危险源管理、重大事故防范、应急管理和救援组织以及事故调查处理的有关规定。

（4）职业危害及其预防措施。

（5）国内外先进的安全生产管理经验。

（6）典型事故和应急救援案例分析。

（7）其他需要培训的内容。

对已经取得上岗资格证书的主要负责人，应定期进行再培训，再培训的主要内容包括：新知识、新技术和新颁布的政策、法规；有关安全生产的法律、法规、规章、规程、标准和政策；安全生产的新技术、新知识；安全生产管理经验；典型事故案例。

生产经营单位主要负责人初次安全培训时间不得少于 32 学时。每年再培训时间不得少于 12 学时。

对于煤矿、非煤矿山、危险化学品、烟花爆竹、金属冶炼等高危行业的生产经营单位主要负责人初次安全培训时间不得少于 48 学时，每年再培训时间不得少于 16 学时。

11.2.2　对安全生产管理人员的培训

培训的主要内容：

（1）国家安全生产方针、政策和有关安全生产的法律、法规、规章及标准。

（2）安全生产管理、安全生产技术、职业卫生等知识。

（3）伤亡事故统计、报告及职业危害的调查处理方法。

（4）应急管理、应急预案编制以及应急处置的内容和要求。

（5）国内外先进的安全生产管理经验。

（6）典型事故和应急救援案例分析。

（7）其他需要培训的内容。

对已经取得上岗资格证书的安全生产管理人员，应定期进行再培训，再培训的主要内容是：新知识、新技术和新颁布的政策、法规；有关安全生产的法律、法规、规章、规程、标准和政策；安全生产的新技术、新知识；安全生产管理经验；典型事故案例。

生产经营单位安全生产管理人员初次安全培训时间不得少于 32 学时。每年再培训时间不得少于 12 学时。

煤矿、非煤矿山、危险化学品、烟花爆竹、金属冶炼等生产经营单位安全生产管理人员初次安全培训时间不得少于 48 学时，每年再培训时间不得少于 16 学时。

11.2.3　对特种作业人员的培训

特种作业是容易发生事故且可能造成重大危害的作业。从事电工、焊接与热切割、制冷与空调、煤矿、金属非金属矿山、石油天然气、冶金（有色）、危险化学品、烟花爆竹、高处作业及安全监管总局认定的其他作业等均属于特种作业。

特种作业人员应当接受相应的安全技术理论培训和实际操作培训，必须经考核合格，取得《中华人民共和国特种作业操作证》后，方可上岗作业。特种作业操作证由安全监管总局统一式样、标准及编号，作业操作证有效期为 6 年，每 3 年复审 1 次。在特种作业操作证有效期内，连续从事本工种 10 年以上，严格遵守有关安全生产法律法规的，经原考核发证机关或者从业所在地考核发证机关同意，特种作业操作证的复审时间可以延长至每 6 年 1 次。在操作证申请复审或延期复审前，特种作业人员要参加相应的安全培训并考试合格。安全培训时间不少于 8 个学时，培训内容包括法律、法规、标准、事故案例和有关新工艺、新技术、新装备等知识。再复审、延期复审仍不合格，或者未按期复审的，特种作业操作证失效。

11.2.4 对其他从业人员的培训

《生产经营单位安全培训规定》（国家安监总局令第 3 号）还规定了除主要负责人、安全生产管理人员以外的从事生产经营活动的其他从业人员（包括临时聘用人员）的三级安全教育培训内容。三级安全教育是指厂、车间、班组的安全教育。

厂级安全培训内容包括：

（1）本单位安全生产情况及安全生产基本知识。

（2）本单位安全生产规章制度和劳动纪律。

（3）从业人员安全生产权利和义务。

（4）有关事故案例等。

煤矿、非煤矿山、危险化学品、烟花爆竹、金属冶炼等生产经营单位厂（矿）级安全培训除包括上述内容外，应当增加事故应急救援、事故应急预案演练及防范措施等内容。

车间级安全培训内容包括：

（1）工作环境及危险因素。

（2）所从事工种可能遭受的职业伤害和伤亡事故。

（3）所从事工种的安全职责、操作技能及强制性标准。

（4）自救互救、急救方法、疏散和现场紧急情况的处理。

（5）安全设备设施、个人防护用品的使用和维护。

（6）本车间（工段、区、队）安全生产状况及规章制度。

（7）预防事故和职业危害的措施及应注意的安全事项。

（8）有关事故案例。

（9）其他需要培训的内容。

班组安全培训内容包括：

（1）岗位安全操作规程。

（2）岗位之间工作衔接配合的安全与职业卫生事项。

（3）有关事故案例。

（4）其他需要培训的内容。

生产经营单位新上岗从业人员的岗前培训时间不得少于 24 学时。煤矿、非煤矿山、危险化学品、烟花爆竹、金属冶炼等生产经营单位新上岗从业人员的安全培训时间不得少于 72 学时，每年再培训的时间不得少于 20 学时。

对于调整工作岗位或离开岗位一年以上重新上岗作业的从业人员，应当针对岗位重新进行车间（工段、区、队）和班组级的安全培训，并经考试合格后方可上岗。另外，对于岗位涉及新工艺、新技术、新材料或者使用新设备的有关从业人员要进行有针对性的安全培训。

从业人员的岗位安全教育培训，包括日常安全培训、定期安全考试和专题安全教育培训 3 个方面。日常安全培训主要以车间、班组为单位重点学习安全规章制度、安全操作规程、岗位安全风险辨识及事故案例教育等。定期安全考试，是生产经营单位定期组织的统一考试。对于考试不合格者，应下岗接受培训，直至考试合格后方可上岗。专题安全教育培训，是指针对某一具体问题进行专门的培训工作。

11.3 热处理职业危害

热处理行业工种在我国重工业发展中具有重要的支撑作用，而重工业的发展也带动了中国热处理行业的快速兴起，并使其具有广阔的发展空间及发展前景。

热处理对生产环境的不良影响及其对人类产生疾病的有害因素是不容忽视的。我国《热处理行业规范条件》提出：投资新建或改扩建的热处理加工、热处理设备制造和热处理工艺材料生产企业（厂、点）要符合国家产业政策和产业规划，符合地区工业发展规划、产业发展导向和区域功能。热处理的生产场所一般应设置在地区规划部门规定的区域内，禁止设立在居民区、商业区、旅游区、蔬菜、粮食等农作物种植区与水源保护区。

热处理生产中存在着多种职业危害因素，通过经验法、类比法、工艺过程综合分析法等多种方法进行识别，热处理涉及的职业危害介绍如下。

11.3.1 化学因素

11.3.1.1 一氧化碳中毒

理化性质：一氧化碳（CO）是无色、无臭、无味、无刺激性的气体。与空气相对密度相当。几乎不溶于水，可溶于氨水。爆炸极限的浓度范围为12.5%~74.2%。遇热、明火易燃烧爆炸。

对人体的影响：《职业性接触毒物危害程度分级》（GB 5044—1985）中，一氧化碳被列入Ⅱ级危害（高度危害）。时间加权平均允许接触浓度（PC-TWA）为20mg/m^3；短时接触允许浓度（PC-STEL）为30mg/m^3；立即威胁生命和健康浓度（IDLH）为1700mg/m^3。一氧化碳与血红蛋白结合能力大于氧气，造成细胞缺氧窒息，主要损害神经系统。

防止一氧化碳中毒的措施：

（1）保持良好的通风，在一氧化碳可能渗漏的地方，必须有局部排风装置，同时要执行尽可能高的清洁与管理标准。

（2）对一氧化碳设备必须定期检查，妥善维护，以防一氧化碳逸出。

（3）在使用炉灶或燃烧物品时，一定要开窗透风，最好同时打开排风设备。

（4）烟囱和燃烧设备的通气管道一定要保持通畅，要经常检查是否被阻塞。

（5）在一氧化碳易泄漏场所，设置固定式一氧化碳检测报警装置。人员到有一氧化碳的场所作业，携带便携式一氧化碳检测报警仪。

（6）进入密闭空间或其他高浓度作业区，应先将工作场所充分透风，经检测空气质量达标后方可进入，进入时应有专人在外监护。若条件不允许通风，则必须佩戴过滤式防毒口罩或面具。注意：进入密闭空间作业禁止采用过滤式防毒口罩或面具，由于密闭空间内氧气浓度较低，使用过滤式防毒口罩或面具会导致人员窒息死亡。

11.3.1.2 氮氧化物中毒

理化性质：氮氧化物是氮的氧化物的总称，包括氧化亚氮、一氧化氮（NO，无色）、二氧化氮（NO_2，红棕色）、一氧化二氮（N_2O）、三氧化二氮（N_2O_3）、五氧化二氮（N_2O_5）等，其中除 N_2O_5 常态下呈固体外，其他氮氧化物常态下都呈气态。

在热处理的高温燃烧条件下，NO_x 主要以 NO 的形式存在，最初排放的 NO_x 中 NO 约占 95%。但是，NO 在大气中极易与空气中的氧发生反应，生成 NO_2，故大气中 NO_x 普遍以 NO_2 的形式存在。氮氧化物中 NO_2 毒性最大，它比 NO 毒性高出 4~5 倍。

一氧化氮（NO）为无色气体，分子量 30.01，熔点-163.6℃，沸点-151.5℃，蒸气压 101.31kPa（-151.7℃）。溶于乙醇、二硫化碳，微溶于水和硫酸，水中溶解度 4.7%（20℃）。性质不稳定，在空气中易氧化成二氧化氮（$2NO+O_2 \rightarrow 2NO_2$）。一氧化氮结合血红蛋白的能力比一氧化碳还强，更容易造成人体缺氧。

二氧化氮（NO_2）在 21.1℃温度时为红棕色刺鼻气体；在 21.1℃以下时呈暗褐色液体。在-11℃以下温度时为无色固体，加压液体为四氧化二氮。分子量 46.01，熔点-11.2℃，沸点 21.2℃，蒸汽压 101.31kPa（21℃），溶于碱、二硫化碳和氯仿，微溶于水，性质较稳定。二氧化氮溶于水时生成硝酸和一氧化氮。

对人体的影响：氮氧化物主要经呼吸道吸入，对人的呼吸器官起到刺激作用。吸入气体当时可无明显症状或有眼及上呼吸道刺激症状，如咽部不适、干咳等。氮氧化物比较难溶于水，因而可以侵入呼吸道深部细支气管以及肺泡，并缓慢地溶于肺泡表面的水分中，形成亚硝酸、硝酸，对肺组织产生比较强烈的刺激与腐蚀作用，常经 6~7h 潜伏期后出现迟发性肺水肿、成人呼吸窘迫综合征。一氧化氮浓度高，可与血红蛋白结合引起高铁血红蛋白血症。

11.3.2　物理因素

热处理生产过程中不良的物理因素高温、噪声等都可能对作业人员造成职业病危害，如图 11-3 所示。高温有可能引起灼伤或中暑，而噪声对人体的健康危害主要表现在使人

作业岗位	热处理作业	对操作者危害
危害因素	高温、一氧化碳、氮氧化物、噪声等	通过耳朵接触引起噪声聋，可通过眼睛、皮肤、呼吸道引起白内障、皮肤灼伤，一氧化碳中毒，高温天气可引起中暑
临床症状	头痛、头晕、恶心、乏力、呼吸困难	
防护措施	加强通风，穿防护服、防护鞋、戴防尘口罩、防护手套、护耳器	

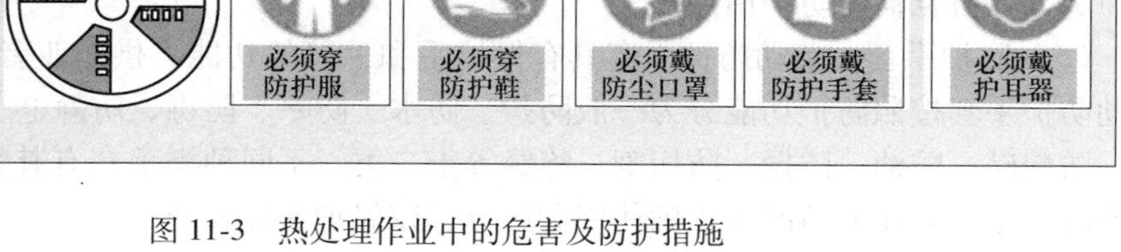

图 11-3　热处理作业中的危害及防护措施

出现高血压、失眠、没有食欲，胃溃疡、听力下降，噪声聋等病症。在生活中表现出易怒、疲乏、注意力无法集中，基本症状有耳鸣，凭空听到嗡嗡声或其他不正常的声音；听不到高频和低频声，对声音的辨识能力下降等。

11.4　热处理职业防护及操作注意事项

对职业病危害因素进行识别、评价是职业病预防管理必不可少的控制程序，但这并不能从根本上起到防止职业病危害的产生及其对健康影响的作用。从源头抓起，控制好工作环境中的职业病危害因素，及时排查治理职业危害隐患，才能防止职业病危害的发生并遏制其对人类生命健康的影响。职业病危害控制是职业卫生工作的根本目的，切实可行地、有针对性地做好职业卫生防护是防止职业病发生的重要手段。

11.4.1　常用的劳动防护用品

常用的劳动防护用品有：

（1）安全帽。安全帽的作用是防止冲击物伤害头部，由帽壳、帽衬、下颏带、后箍等组成。安全帽包括通用型、乘车型、特殊安全帽、军用钢盔、军用保护帽和运动员用保护帽六种类型。其中通用型和特殊型安全帽属于劳动保护用品。

通用型安全帽有只防顶部冲击或既防顶部又防侧向冲击的两种类型。在建筑运输等行业通常使用具有耐穿刺特点的，而在有火源场所使用的安全帽有耐燃作用。

特殊型安全帽包括电业用安全帽、防静电安全帽、防寒安全帽、抗侧压安全帽、带专有附件的安全帽等。热处理使用具有耐高温、耐辐射热作用的安全帽，这种安全帽热稳定性和化学稳定性较好，还会用在消防、冶炼等有辐射热源的场所里使用。

（2）防尘口罩。作业场所除粉尘外，还伴有有毒的雾、烟、气体或空气中氧含量不足18%时，应选用隔离式防尘用具。

（3）护目镜。预防烟雾、尘粒、金属火花和飞屑、热、电磁辐射、激光、化学飞溅等伤害眼睛或面部的个人防护用品称为眼面部防护用品。根据防护功能，眼面部防护用品大致可分为防尘、防水、防冲击、防高温、防电磁辐射、防射线、防化学飞溅、防风沙、防强光九类。

（4）护耳降噪。噪声污染防治可以采取工程防护降噪和个体劳动防护两种方式。工程防护一方面指的是噪声源控制，即：通过改进结构，改进生产工艺，减少机械摩擦，改变喷口形状等消除噪声发生的根源；或采用吸声，隔声装备。另一方面从噪声传播途径上控制，即：阻断传播途径；改变机器设备的安装方向；或远离噪声源。

个体劳动防护指的是使用能够防止过量的声能侵入外耳道，使人耳避免噪声的过度刺激，减少听力损失，预防由噪声对人身引起不良影响的个体防护用品，即耳塞、耳罩和防噪声头盔等听觉器官防护用品。

（5）防护手套。劳动防护手套具有保护手和手臂的功能，供作业者劳动时佩戴使用。劳动防护手套按照防护功能分为一般防护、防水、防寒、防毒、防静电、防高温、防 X 射线、防酸碱、防油、防振、防切割、绝缘等十二类，不同种类手套有其特定功能，在实际工作时一定结合作业情况来正确使用和区分，以保护手部安全。

（6）高温、热辐射防护控制。热处理作业属于高温环境作业。特别是在高温季节容易发生中暑，大量出汗使盐分排出过多会造成热痉挛。防止高温、热辐射的措施主要有以下几种：

1）在有人操作的高温设备处设局部送风降温装置。

2）在有直接辐射一侧的操作岗位等处安装隔热设施。

3）设备设施、工艺流程的设计过程中，尽量使有人员操作的岗位远离热源，车间内靠近热源的岗位、操作室应采取进行隔热措施。

4）合理组织劳动时间，避开在中午太阳暴晒时间作业。在气温较高的条件下，适当调整作息时间，每天早开工、晚收工，延长中午休息时间，白天尽可能做一些在阴凉处进行的工作，晚间做直接暴露在空中的工作，并适当安排工间休息，预防疲劳。

11.4.2 热处理操作注意事项

（1）热处理操作应遵循以下流程：

1）清理好操作场地，检查电源、测量仪表和各种开关是否正常，水源是否通畅。

2）操作人员应穿戴好劳保防护用品。

3）开启控制电源万能转换开关，根据设备技术要求分级段升、降温，延长设备寿命和设备完好。

4）要注意热处理炉的炉温和网带调速，能掌握对不同材料所需的温度标准，确保工件硬度及表面平直度和氧化层，并认真做好安全工作。

5）要注意回火炉的炉温和网带调速，开启排风，使工件经回火后达到质量要求。

6）在工作中应坚守岗位。

7）要配置必要的消防器具，并熟识使用及保养方法。

8）停机时，要检查各控制开关均处于关闭状态后，关闭万能转换开关。

（2）热处理作业还需注意以下防火安全事项：

1）热处理车间或工段应设在厂房外围，并用防火墙与其他车间隔开，应备有存放易燃或可燃液体，符合防火要求的专用仓库。淬火用可燃油料贮存槽，一般应设在车间外面采用地下或半地下式。

2）主要设备和操作防火要求：

①淬火用油料应具有较高的闪点，一般应采用闪点在 180~200℃ 以上的油料，淬火油槽不要放满，至少应留有 1/4 高度，为防止淬火油温度升高发生自燃，应采取循环冷却措施使油槽油温控制在 80℃ 以下。

②硝盐槽炉的构造必须根据设计的安全要求，严防漏泄，防止水分和杂物吹入硝盐内发生爆炸，操作时严格控制硝盐槽温度不得超过 550℃，入槽处理的零件和使用工具必须干燥清洁无油污，严防可燃物质掉入槽内；硝盐槽内不准添入大于 300mm 硝盐块，加入的硝盐必须预热至 100~200℃，硝盐的液面应低于槽边 100mm。

习　题

11-1　名词解释：安全，危险，风险，事故隐患，未遂事故。

11-2　生产安全事故分为多少类，分别是什么？

11-3　生产安全事故如何分级？请简单叙述。

11-4 生产安全事故隐患排查与治理中，事故隐患和风险如何分级？
11-5 应如何做好生产安全事故隐患的排查？
11-6 针对不同人群安全生产培训的主要内容是什么？
11-7 日常生产中常用的劳动防护用品有哪些？
11-8 请简述热处理生产操作中应遵循的操作流程。
11-9 请简述 CO、CO_2、NO、NO_2 的理化特性，并从职业卫生角度说明在生产中应如何做好个人防护。

参 考 文 献

[1] 宋维锡. 金属学 [M]. 北京：冶金工业出版社，1980.

[2] 史美堂. 金属材料及热处理 [M]. 上海：上海科学技术出版社，1988.

[3] 王有铭，等. 钢材的控制轧制和控制冷却 [M]. 2版. 北京：冶金工业出版社，2010.

[4] 李登超. 板带钢生产 [M]. 天津：兵器工业出版社，2003.

[5] 傅作宝. 冷轧薄钢板生产 [M]. 北京：冶金工业出版社，2005.

[6] 段小勇，等. 金属压力加工理论基础 [M]. 北京：冶金工业出版社，2004.

[7] 谢振华，等. 安全生产基础知识 [M]. 北京：中国劳动社会保障出版社，2016.

[8] 曹军，等. 冶金企业安全生产隐患排查治理指导 [M]. 北京：中国劳动社会保障出版社，2008.